明天会不会有昨天？

OHNE HEUTE GÄ
MORGEN KEIN
GESTERN:
PHILOSOPHISC
GEDANKENSPI

55个让人类疯狂

[瑞士]伊夫·博

民主与建设出版社

Contents | 目录

法理与公平正义 \\\ 133

假设你是新社会的绝对立法者，不过无法预知自己在新社会中的地位，你是否能打造出公平正义的社会？

心智与大脑 \\\ 151

假设你是蝙蝠专家，对蝙蝠的一切了如指掌，你是否就能点出蝙蝠心里在想些什么？

上帝与信仰 \\\ 177

假设所有的运动都有其推动者，世界上最早的第一起运动，究竟是谁推动的？

假设村里的理发师只能帮不自己刮胡子的村民刮胡子，不能帮会自己刮胡子的村民刮胡子，他自己的胡子要由谁来帮他刮？

假设你回到过去，杀害了尚未有子嗣的祖父，你还能存在于这个世上吗？

假设你在柏林被全身扫描过一遍，就能在北京被复制出来，世界上会存在两个你吗？哪一个才是真实的你？

导论

我们在追求什么？生命是否有意义？什么叫公平正义？我们有义务帮助穷苦的人吗？人类知识的极限在哪里？何谓真理？精神与身体彼此如何联结？语言是怎么运作的？我们的决定是出于自由意志吗？我过的是我自己的人生吗？真爱是否存在？我们可以食用动物吗？怎样才算合理的工资？死后的世界是什么？我应该信仰上帝吗？还有，是先有鸡还是先有蛋？

两千年来，哲学不断探究诸如此类的问题，有些问题，哲学家们直到今天仍在黑暗中摸索；有些他们已经有了点头绪；而在某几个问题上，他们甚至已经得出了言之成理的答案。提出疑问及为之寻找完善的解答，就是推动哲学前进的力量。哲学思辨的时候，我们首先交换的并不是立场，而是论证。没有什么说法不能接受检视，每一种主张都要说明理由。只有无懈可击的论据跟言之凿凿的理由，才算得分。谁要是不能给他的哲学意见提出理由，就算输；而谁要是挡得住所有质疑，就算赢。哲学就是这样简单。

然而哲学并不是单纯用论证进行厮杀。哲学家们特别致力于追求的，是理解与明晰性。这从提问题的方式就开始了：如果有人问，我们是否自由，那他就得先说清楚，他使用“自由”一词的意思是什么。如果有人问，我们能否认知真实，就得先解释，他用“认知”跟“真实”想表达的是什么意思。要是有人问，上帝是否存在，那就得先界定，“上帝”这个词所表达的含意为何。对每一个哲学问题，只有在理解了问题及其中包含的概念之后，我们才能启程寻找解答。所以，哲学也总是试着厘清本身使用的基本概念，并借此对人类生命与思想的根本范畴进行理解，这就是哲学家们的核心任务。此外，这本书里每次提到哲学家[①]这种行业，除了男性哲学家，也都包括女哲学家在内；为了简洁起见，之后就不一一特别写出。

但是哲学概念该怎么厘清呢？哲学观点又该如何论证？哲学家如何思索人生的重大问题？他们具体来说怎样进行这些工作？哲学的方法，就是完全靠思索。没有庞大的仪器，没有问卷调查，没有探勘考察。哲学是一门坐在沙发里就能进行的科学。有别于物理学、心理学或社会学，哲学无法借由实证实验来证明自己提出的假设。物理学家可以让一颗石头落下，以确认地心引力是否存在。但是哲学家能做什么实验来确认我们有没有自由意志、能不能食用动物、未来的机器人能不能有知觉，以及我们有没有义务帮助穷人等这类问题呢？哲学家会躺回他的沙发，仔细地思索、检视一切，做出精确的描述，进行

① 德文哲学家（Philosoph）一词为阳性，字面上仅指男性哲学家。——译者注

犀利的论证，而且在讨论过程中不忘掌握问题的全貌。他们有秘密武器，就是思想实验（Gedanken experimente）。哲学家们让真实与不真实的情境在思想中上演，从中探查出根本概念的意涵，推翻不同的理论，或者为新的思想建筑打下基柱。

让我们拿伦理学的基本问题当例子：什么是善？或者，一个行为在什么情况下是道德正确的？这些问题乍听之下非常抽象。确实也是如此。有一个思想游戏或许可以帮我们一点忙：

想象你是一名火车司机，正要开火车进入隧道。突然间你看到轨道上有五名铁路工人。你立刻按下刹车，但是没用。刹车器故障了。如果按下转辙器，开往另一条隧道，你就能救下这五名工人的性命。只可惜那条隧道里也有铁路工人，但那边只有一个人。你会怎么做？你会按下转辙器，以便让只有一人而不是五人丧生吗？再者，如果那名落单的铁路工人是你最好的朋友，你又会怎么做？

再想象你是一名外科医师，眼前躺着五名病患，其中一人急需心脏，另外两人各需要一叶肺脏，剩下两人则各需要一颗肾脏。这五人都属于同一种罕见血型。不幸的是，他们一直等不到捐赠者。时间非常紧迫。就在这个时候，有一位完全健康的年轻男子走进医院，拥有跟他们相同的罕见血型。作为外科医生，你有能力无痛地杀死那位年轻人，取出他的器官，拯救这五名病患的性命。于是问题又来了：五条人命换一条人命。在这个情况下你会怎么做？如果这五名病人里，两个是你的爸爸妈妈，三个是你的小孩，你又会怎么做？

这些哲学的思想游戏让我们面临难题。没有人会想做这种决定。然而更加困难的，是要解释为什么一个人在这个情况下会这样决定，在那个情况下又会做相反的决定。在道德直觉的引导下，我们有时这样决定，有时那样决定，却都不知道原因为何。我们会感受到内心的冲突，这让我们不舒服，但也吸引我们的注意。于是我们开始仔细思索。哲学就此攫住了我们。

然而哲学的思想游戏不只能引发我们的思考，还能使困难的理论更容易理解，并让我们找到直觉易懂的方式来切入复杂的问题。前面我们用了铁路工人及器官移植等两个例子，呈现的就是两个最重要且互相对立的道德理论：效益论（Utilitarismus）与义务论（Pflichtenethik）。效益论主张，一个行为如果为最大多数人带来最大效益，那就是道德的。道德就是为了“为最大多数人带来最大福祉”这个目的而存在，效益论如是说。与之对立的是义务论。根据义务论，行为的价值不只取决于其结果，而且也取决于其自身。杀人、施加酷刑以及偷窃，都是不被允许的行为，不管这些行为导致多大的善。这些行为在道德上是错的，其价值不能通过成本利益的计算来提升。所以根据义务论，有些特定的权利无论在任何状况下都是不可损害的，比如生命权。人的尊严不可侵犯——这是德国基本法开头第一句话。[①]

铁路工人的例子要求我们有效益论的直觉，因为大多数人会选择牺牲一个人，以拯救五个人的性命。相反地，外科医生的例子唤醒我们义务论的直觉，因为我们在这里会认为，对人命做斟酌计算，然后牺牲某人来造福大家是错误的。所以，这两个思想实验提供了有趣且简单的方式，让我们切入两个最重要的道德理论。但是我们同时也看到这两种道德立场各自的缺陷，并且能够提出理由来反对（或支持）这两种理论。通过这些思想实验，我们已经进入道德哲学的讨论了。

哲学的思想游戏促使我们面对谜题，偶尔让我们感觉不快，但也吸引我们，唤起我们的问题意识。此外，这些游戏还让我们轻轻松松地就能走向伟大的哲学理论。本书所呈现的思想实验，时常可以用来推翻其中一种哲学理论，并支持另一种理论。借由这些具体的例子，我们得以认识重要的哲学立场，包括它们有什么长处与缺点。但是最重要的一点是：思想实验给我们提供了独立思考的空间。我们只需少量阅读，如此才能思索得更多。友善的僵尸邻居、阿基里斯与乌龟、缸中之脑、中文房间、超级聪明的外星人及邪恶的神经科学家等各种

① 德意志联邦共和国基本法（Grundgesetz für die Bundesrepublik Deutschland）第一条第一款：“人之尊严不可侵犯，尊重及保护此项尊严为所有国家机关之义务。”（Die Würde des Menschen ist unantastbar. Sie zu achten und zu schützen ist Verpflichtung aller staatlichen Gewalt.）。——译者注

幻想，把我们迅速地丢进迷人的哲学世界中，并带我们直接走向那些与伟大哲学思想相悖的根本问题。

这本书针对重大的哲学议题，集结了最重要的哲学思想游戏、谜题与模型。每个章节都关注一个主题，并介绍相关的思想游戏与哲学理论。好消息是，本书的每一章都可以独立阅读，读者无须从头读到尾，而是可以挑出自己最感兴趣的章节。祝福各位读者能从中获得许多乐趣及分量不小的哲学知识！

幸 福

假设只要连上幸福机器，就能体验到渴望的一切，你会连上机器，享受如真实般的梦幻人生吗？

亚里士多德 / 善用美德便可以为自己的幸福奠定基础
斯多亚学派 / 幸福就在于有美德的人生
伊壁鸠鲁 / 幸福哲学的核心即灵魂的平静
叔本华 / 人生就是一场无休止的追赶
尼采 / 爱你的命运
加缪 / 他的命运只属于他自己

多年以来，澳洲的护士小姐布朗妮·韦尔陪伴过许多位临终者，聆听他们的讲述，和他们说话。她指出，最让临终者感到懊悔且希望可以重新选择的五件事分别是：希望可以过自己的人生、不要那么投入工作、可以表露自己的感受、维持友谊，以及追求更多的幸福。不过什么是幸福？怎样才能找到？幸福有什么条件？近年来，科学对我们的幸福有过诸多探询。在谈哲学之前，让我们先看看一些最重要的发现：

幸福研究认为，我们的幸福有一半是基因决定的。拥有正确基因的人，幸福之路就已经走了一半。另外一半则主要由外在环境决定，包括生活条件、良好的机遇及偶然事件。只有很小一部分的幸福是由我们自己掌控的。也就是说，我们并不真的是自身幸福的打造者。

但是哪些因素让我们感到幸福？直接说重点的话，这些因素有：健康、家庭、爱情、友谊、工作、财富以及信仰。这个结论是怎么得出来的呢？研究者进行过问卷调查："总的来说，你对自己目前的人生有多满意？请用一到十分表示。"你会给几分？德国平均为6.6分，瑞士7.6分，丹麦人在这个统计上占领先地位，有7.7分。相对不幸福的是生于非洲极度穷困国家的人民。不过在拉丁美洲与加勒比海地区，相对于他们较不富裕的生活，人们却享有令人意外的幸福感，这似乎跟阳光较多有关。但这当然不能解释一切，毕竟非洲的太阳也不小。

有钱会使人幸福吗？会，但是只到一个特定的金额。当基本需求获得满足之后，更多的财富几乎不会带来更多的幸福。在西方工业国家里，年收入一旦超过6万欧元[①]，日常的幸福感就不再增长。收入的增长确实能使我们更富有，实际上却不能使我们更幸福。此外还需注意：相对的收入比绝对的收入更为重要。我们的幸福感取决于，作为我们比较对象的那些人有多有钱。对我们来说，办公室的同事赚多少很重要，但是比尔·盖茨赚多少却几乎不会影响到我们。（所以，如果你是池塘里最小的那只青蛙，请直接找个新池塘，去当一只最大的吧。）

额外的财富还有另一个问题：我们很快会习惯新的富裕程度。由于这个缘故，加薪带来的满足感只能维持六个月，而中彩票的幸福感在六个月之后甚至常常跌到比中彩票之前还低。相反地，不幸福感也有同样的现象：因意外而半身不遂的人常在半年之后就恢复原先的幸福感。基准点会移动，因为我们会适应新的环境，这显示出习惯的力

① 折合约人民币44万元。——编者注

量对幸福感的作用更为强大。

有人说，消费是新的宗教。我们像疯了一样地消费，却达不到我们想要的目的。因为购物只会带来短暂的幸福感。取得事物会让人满足，但是持有并不会。这就是为什么我们一直买个不停。研究显示，我们最好把钱花在社交活动，以及会让你感到振奋的体验上，而不是拿来购买物质商品。人群才能让我们感到幸福，物品不行。所以你最好让昂贵的鞋子留在橱窗里，把省下来的钱拿去跟最好的朋友来场刺激的旅行。

祷告与冥想也有助于促进幸福：有宗教信仰的人比较幸福。生小孩会带来幸福吗？会，但是你得一直等到小孩独立生活或者抱孙子的时候。政治可以吗？参与决策对幸福感有帮助：能积极打造自己环境的人们，会比跟从者更为幸福。也许因此生活在民主国家里，会比在独裁政体中更幸福。那么，年龄的因素呢？我们在处于人生中途时，幸福感是最低的。在开始时一切都还是将来，到最后时我们则更易于满足，更不会做错误的期待。选择的多样性呢？太多选择会让人不快乐——从3种果酱里选一种的结果，会比从15种里选一种更让人满足。看电视呢？完全不幸福。所以请不要碰电视机。

令人讶异的发现是，在追求目标的时候，过程常常比达成更让人快乐。德国俗语是这样说的：“期待的快乐是最大的快乐。”然而说到期待，就牵涉到一件麻烦的事：期望太高，结果只能是失望。不幸的是，人很难自由地设定自己的期望，期望常常是自己产生的。幸福感也是这样。很少人能强迫自己感到幸福。“人人都追逐着幸福，幸福却藏于我们的身后”，德国诗人布莱希特（Bertold Brecht，1898年—1956年）如此写道。印度籍的基督教神父戴迈乐（Anthony de Mello，1931年—1987年）说得好：幸福就像蝴蝶，“你追它，它会飞走。你坐下来，它就停在你的肩膀上”。

不过那些谈论幸福的至理名言就让它留在日历上吧，接下来让我们看看哲学对幸福能有什么贡献。就像学校课本里常见的那样，我们从古希腊人谈起。

◎ 身后的幸福

假设你过着幸福的生活，活到很老，死得也很平静。躺在临终的床上，你最后一次回顾，让你的人生一幕一幕在眼前走过。最后你放心地说：“我的一生，过得就跟我所希望的一样。真是一场成功的人生啊！”这句话还没说完，你就过世了。

可是接下来一切都变了。在你死后，你的邻居开始散布你跟家人的谣言。全城突然开始讲你的坏话。你的孩子们被这些指责激怒了，为了报复，杀死了邻居。随即你的孩子们被迫亡命天涯。他们抢银行，抢夺无辜的人身上的钱财。你跟家人在众人间的形象越来越坏。现在大家还指责你，没把小孩教育好。人们咒骂你的名字，甚至到你的坟墓上吐口水。

在这种情况下，你还会说自己的人生“真是成功”吗？

提出这个思索的人是亚里士多德，他是柏拉图的学生，亚历山大大帝的老师。亚里士多德是非常伟大的哲学家，也是彻头彻尾的科学家，他集生物学家、物理学家、心理学家、逻辑学家、政治学家、诗学理论家、神学家与伦理学家的身份于一身。中世纪时，人们直接以“哲学家”之名称呼他，可惜我们对这位全方位学者的私人生活所知甚少。20世纪德国哲学家海德格尔（Martin Heidegger，1889年—1976年）为他的一生做了如此的总结：“亚里士多德出生，工作，然后死去。”那是何等的成就！直到近代，亚里士多德的著作依然深刻影响着人们的世界观。尽管他的物理学在今天已经没有多少人读，但是读其伦理学的人却越来越多。在其影响深远的作品《尼各马可伦理学》（Nikomachische Ethik）中，他不折不扣地勾勒出“好的人生”的理论。我们并不确知这部书名的由来，看起来是献给其子或者其父的，因为这两人都叫“尼各马可”（Nikomachos）。

亚里士多德认为，所有人都努力追求的那个目标，叫作eudai

monia，这是个古希腊词语，几乎无法翻成德文；有人翻译为“至福”（Glück seligkeit），有人说其意指“顺遂的”或“成功的人生”，也有人直接翻译成“幸福”。不管怎么说，亚里士多德认为，这个人生的幸福，就是人类最终与最究极的追求目标。有些东西我们之所以想要，只不过是为了达成其他的目标，比如金钱、权力与财产，这些都只是达到目标的手段。然而我们追求幸福，并不是为了通过幸福，来达成什么其他的目标——幸福本身就是目的。我们用个例子来仔细思考一下：假设你想理发。为什么呢？因为想要仪容好看一点。那为什么你想变好看一点？为了让其他人对你有好感。为什么要让别人有好感？因为这样便容易跟其他人有所交流。这又是为什么？为了找到对象。找对象做什么？可以找到爱情。寻找爱情做什么？这让你得到幸福，那你为什么想要幸福？嗯，很难回答。“我们为什么渴望幸福”，这个问题并没有意义，如此便显示出：成功的人生从来不是达成目的的手段，而是我们一切作为的最终目的。

根据亚里士多德的理论，成功人生取决于许多不同的因素：外在的、身体的，以及心灵的资产。外在的资产他列举了财富、友谊、家世、子孙、荣誉，以及良好的机遇，身体的资产包括健康、美貌与运动技能，心灵的资产他认为包括像是勇气或正直这类的美德。所有的资产对于幸福都极其重要，没有他人的赠予、缺乏良好的机遇，人都不可能得到幸福。所以我们最好不要摆脱一切外在牵系，单靠自己的力量也不可能成就自己的幸福。而且在生命终结之前，永远不要评判我们的人生，因为谁也不知道明天会不会发生意外、疾病、离别或遭窃，让我们就此落入不幸之中。

我们从来就无法保证自己能免于不幸。亚里士多德说，就算死的时候幸福，死后的幸福也是不能保证的。就像前述的思想游戏所呈现的，我们想象中的成功人生，远不仅仅是死前的人生是否过得幸福，我们的人生理想，还延伸到死亡之后的时间里，我们希望在他人的记忆中保持良好的形象（即使到那个时候我们已经死了，再也听不到什么恶劣的毁谤）。这其实有点奇怪。对我们的遗体也是如此，没有人希望过世之后，别人拿他的头来当球踢。但是这么想究竟是为了什么？死人明明就什么都感觉不到了啊！

让我们把足球抛诸脑后，回来谈谈那些能决定我们幸福的资产。让我们对心灵资产，也就是美德，做点更仔细的考察。希腊人所谓的“美德”，跟我们理解的不一样：对他们来说，就连一把刀子也可以有美德，如果那把刀子能出色地完成它的任务的话，意即，如果那把刀子锋利好切的话。亚里士多德相信，万事万物都有一个这样的目的——每件事物都是为了该目的而存在，而且自然而然便特别有能力达成该目的。于是乎，事物如果非常完满地达成了它的目的，就称作有美德，刀子得用来切割东西，狮子得捕食羚羊及保卫势力范围，所谓有其美德，就是以其方式出类拔萃。然而这个说法也适用于人类吗？人类的目的又是什么？

幸福的黄金比例

根据亚里士多德的说法，人类是唯一拥有理性的生物，人类是动物界中的聪明小子，思考则是人类的使命，因为这件事他比所有其他动物都做得更好，所以他应该致力于哲学，并试着获取智慧。如此一来，他便是幸福的。因为所谓成功的人生，就在于去做那些相应于自己本性的事情。活出你的天赋！去做那件你做得最好的事。可惜，对理论的苦苦思索并不是每个人都在行，亚里士多德也明白这点。他认为，并不是只存在一种理论性的理智，而是也有另一种实践上的理智，幸福不只可以在理论中找到，也可以在实践里、在正确的行为中寻得。亚里士多德区分出理论性的智慧与实践上的明智，后者能在日常生活中帮助我们做出正确的决定，并由此对我们的幸福做出贡献。但是什么叫做出正确决定？亚里士多德认为，正确决定常常落在两个极端之间的中点，有美德的人之所以出色，就在于他在各个情况下都能掌握黄金比例：勇敢的人既不会鲁莽，也不会胆怯；审慎的人既不会冲动，也不会麻木无反应；慷慨大度的人既不会吝啬，也不会浪费。亚里士多德同时认为，这些性格特征都是可以经过训练养成的，美德可由学习而来，我们便可以为自己的幸福奠定基础。

◎ 被链住的狗

请想象一下：你是一只狗，正安静地躺着晒太阳。突然间你感觉被什么东西拉扯，一看之下，发现自己被拴在了车子上，并在此刻，车子发动了，开始往前移动。你试着挣脱链条，但没有用。刚刚你还舒服地躺着晒太阳，现在你却被迫站起来跟在车子后面走。如果你抵抗到底，站着不动，就会被车子拖行在后，满身是伤。就算你心有不甘、怒气冲冲地跟着车跑，那你也在伤害自己：你一肚子火，又对此不满。

突然间神来一笔：你决定自发地来散个步。毕竟阳光明媚，运动也有益健康。而且事实上，出去转一圈回来之后，你感到身心舒畅。

恭喜，你是只聪明的小狗。你用计谋骗过了命运！

这个思索出自季蒂昂的芝诺（Zenon von Kition，公元前333年或公元前332年—公元前262年或公元前261年），约在公元前300年，芝诺出生于塞浦路斯的季莱昂[①]，并创建了名为斯多亚（Stoa）的哲学学派。“斯多亚”之名来自古雅典的“画廊（stoa）”，芝诺跟他的

① 塞浦路斯（Zypern）是小亚细亚南方的地中海小岛，季莱昂（Kition）则是岛上古代的海港城邦。——译者注

学生就在这里见面讨论。斯多亚哲学有很悠久的传承。芝诺之后，这个思想路线的重要代表人物还有塞内加（Seneca，公元前4年—公元65年）、奥雷尔（Marc Aurel，121年—180年）以及爱比克泰德（Epiktet，55年—135年）。

芝诺和其后所有的斯多亚哲学家相信，世界是由理性且神性的律法所统治的，希腊人称此理性为“逻各斯”（Logos）。依照斯多亚学派的理解，这个理性的世界律法同时也是我们的命运。世界的运行是固定的，绝大部分都不在我们的掌控之内，我们只能带着斯多亚式的平静与安详，顺从并接受人生中无可回避的一切。不能改变的，就不要试着去改变，而是依照自然来生活——这便是斯多亚学派最高的要求。不过，斯多亚学派的态度跟宿命论（Fatalistischen）仍然有所区别：虽然我们不能改变世界的律法，但是可以改变面对世界的心态；如果我们不能改变事物，就应该试着改变面对事物的态度——就像那只被链住的狗，因为别无选择，于是就决定自发地散一个步。让内心不能宁静的，从来都不是外在的事物，而是我们对事物的看法与判断，爱比克泰德于公元一世纪如是说。

幸福在于有美德的人生

斯多亚学派，就跟所有希腊化时代[1]的哲学门派一样，针对的是

---

① 从亚历山大征服波斯到罗马人征服希腊之间的一百多年间，希腊文明对整个地中海东岸影响甚巨，故而近代史家将这段时期称为“希腊化时代”。——译者注

人类的幸福。理论为实践而服务，人之所以沉思，目的在获得没有忧虑且幸福的生活。就此而言，这种哲学很像是心理治疗，哲学应该让我们免于忧虑、恐惧与痛苦，让我们有力量抵抗人生中种种命运的打击，并带领我们走向幸福。但是哲学如何协助我们变得幸福呢？

依照斯多亚哲学的见解，幸福就在于有美德的人生，所以幸福是内心态度的问题，因为美德不外乎是优秀的性格特征。斯多亚哲学认为美德当中最重要的，是平静的心（Gleichmut）：也就是要能控制自己激烈的情绪。希腊人甚至称之为“无感”（Apathie），意思是内心完全不起波澜。斯多亚哲学认为，激烈的情绪使我们不能自主且不得自由。愤怒、好胜、嫉妒、欲望、贪婪与恐惧等等皆使我们变成奴隶——我们就此双手奉上了自己的生命。外在资产也让我们不能自主：谁要是追求富裕、财产、权力、声望与成就，这些事物最终并不会使他幸福，而是会把他变成奴隶。在所有这些思考的背后，都有一个根本的要求：不要把任何可以从我们手中夺走的东西视为有价值。凡是不在我们掌控之中的事物，我们都该将之视为无关紧要，包括死亡、疾病、贫穷、弱小与外貌丑陋。

斯多亚学派区分好的、坏的与无关紧要的事物，其中只有美德是好的，像是智能、审慎、正义与勇敢；坏的事物则是种种恶习，如轻率、放纵、不正义以及胆小等；其他的一切都属于无关紧要之流，包括生、死、荣耀、耻辱、劳苦、纵欲、财富、贫穷、疾病等。这种观点相当极端，然而分类的策略却很清楚：不要让幸福倚赖于那些自己不能掌控的东西，也不要追求那些你其实并不需要的东西。

罗马哲学家塞内加在其作品里提及许多实际的指导，让读者能够练习斯多亚学派的生活艺术。比如他建议："安排几天的时间，让自己只有最微薄、简单的饮食，穿最简陋、粗劣的衣服，并且问自己：'人们所恐惧的，就只不过是这样而已吗？'在没有忧虑的时候，人的心灵便应该为种种困难做好准备，并且在仍然受到命运眷顾的时候，先穿上能抵御其袭击的盔甲。"以今天的心理学眼光来看，这叫"刺激源暴露法"（Reiz exposition）：让病人暴露在所害怕的事物之前，以治疗其恐惧症。如果你不敢执行这个实验，那么请你至少在心里试试看——哪些是你能放弃的？你可以不开车吗？不用智能手机呢？丢掉几件特定的衣服？不住大房子？放弃工作？失去朋友？这些对你来说，意味着什么？什么才是真正重要的？生活里有什么是绝对不可或缺的？

不要怀抱错误的期待

在内心平静与自足的理想之外，斯多亚哲学还有另一个核心的要求，那就是：不要怀抱错误的期待！大多时候我们之所以感到不幸，是因为我们的期望没有获得实现，这让我们感到失望与挫折。但这种挫折其实是可以直接避开的，只要我们把期望降低。爱比克泰德写道："不要要求事情依照你所希望的方式发生，而是要希望事情依照实际该发生的方式发生，那么你的日子就会过得很愉快。"这不只适用于对外在世界的期待，也适用于对我们自身的期许，人类的幸福不只需要建立在合理面对世界的态度上，也有赖于我们是否能慎重且友善地对待我们自己。"关注你的内心，做自己的好友"，塞内加如此要求。我们不该再持续地对自己大加批评，应该停止对自身的逃避。我们总是反反复复地来回奔忙，将心力放在别的事情上，把自己的生活晾在一边；或许我们有天会幡然醒悟，注意到我们尽做一些对自己完全不重要的事，我们会意识到，我们一直没有好好地过自己的人生，因为我们从来都没有好好地倾听内心的声音。公元二世纪的罗马皇帝及斯多亚学派的哲学家奥雷尔写道："谁要是没有全心关注自己灵魂的动静，就必然要陷于不幸。"所以，根据斯多亚学派的理解，幸福建立在与自己的相遇之上，当这个相遇发展成友谊，那么幸福人生就有了坚实的基础。

让我们再回到那只被链住，但考虑到命运无可违逆，自发地决定去散步的小狗。从斯多亚的观点来看，这只狗的处境便如同我们自身：为此激昂愤怒，并不能得到适当回报；我们应当接受自己的命运，也跟着起身去散散步，就像那只聪明的小狗一样，幸福只是心态问题。

◎ 圆满的幸福

请想象一下，你没有任何愿望跟需要，没有任何兴趣与喜好。也就是说，你不渴不饿，不累也不着急。你没有事业企图心，对身边的人不感兴趣，对运动没有迫切的需求，连好奇心也没有。你就只是坐在那里。没有愿望，没有负面的感觉。没有哪里痒，也不内急，什么都没有。

请问这样你幸福吗?

希腊哲学家伊壁鸠鲁（Epikur，公元前341年—公元前270年）认为，幸福的生活是充满享乐与喜悦的生活。这种享乐，希腊文称为 hedoné，因此伊壁鸠鲁也被认为是享乐主义（Hedonismus）的创建者——这种理论认为，人生追根究底不过是为了享受快乐。不过请注意：伊壁鸠鲁所说的 hedoné 并不是性爱、毒品跟摇滚乐，正好相反，真正的享乐不外乎是没有痛苦。他认为快乐有两种，一种是短暂的，另一种是持久的。短暂的快乐是从满足需求而来，口渴的人喝到水会感觉到快乐，疲倦的人躺下休息也会感到快乐。这种快乐不外乎是对匮乏的补偿，一旦匮乏之感解除了，快乐的感受也会逐渐消失。

除了这种短暂的快乐之外，伊壁鸠鲁认为，还有一种持久的快乐，而这才会带来真正幸福的生活。这种持久的快乐，指的是没有痛苦，也没有强烈匮乏的状态，伊壁鸠鲁是史上第一位提出灵魂的平静（Ataraxie）的人，并将之当作幸福哲学的核心。他用海面的平静来比拟，灵魂应该跟无风时的海面一样平静；反之，强烈的情绪就像海上的风暴，翻搅着广大的海面。哲学能够协助人摆平这些波浪，为人生带来宁静与稳定。灵魂的这种无可动摇的状态，根据伊壁鸠鲁的说法，就是人生最崇高的目标；其余的一切，包括财富、朋友与美德，仅仅是达成目标的手段而已。真正幸福的人懂得驾驭欲望，完全不受外在影响的左右，他永远不会失去稳定的心境，也没有很高的要求。对伊壁鸠鲁来说，如果我们渴望长久的幸福，就不应该依靠需求满足时产生的正面情绪，而应该在短缺的负面状态中探求；真正幸福的不是那个在吧台上口干舌燥的人，而是那个事先备足了饮水、经常喝上一小口，因此不觉得口渴的人。

对于追寻幸福的人，伊壁鸠鲁的建议是，最好跟三五好友一起退出公共生活，也就是退出政治与商业活动。伊壁鸠鲁自己就避居在一个隐蔽之地，那里有座很大的花园，能作为其哲学门派的聚会中心，他的门生时时到那里朝圣，其中不乏妇女与奴隶——他的幸福哲学是要用于所有人类的。每个人都能成为幸福的人，只是这样的人不可以有恐惧与忧虑，不论是面对神明、命运的无常还是面对死亡。对每一种恐惧，伊壁鸠鲁都备好了反驳的理由：神明根本不能介入人类的事务；即便是最沉重的命运打击，也都是可以承受的，因为自然预先为人类准备了真正重要的所需；而死亡与我们无关，因为死亡一旦来临，我们早就已经不在了。

否定你的意志

从需求的满足中，只能获得短暂的快乐——伊壁鸠鲁的想法也出现在叔本华（Arthur Schopenhauer，1788年—1860年），这位哲学界牢骚大师的作品里。他是19世纪的人，终其一生都离群索居，是个不为时人所识的天才；他唯一的固定伴侣是只卷毛狗，每隔几年他就换一只新的。叔本华是学院门外的人物，还是一名独树一帜的厌世者。他认为人类就像豪猪，虽然需要亲近与温暖，但是太靠近的时候又会用刺伤害对方。

叔本华从各种不同的哲学路线里搜集了最让人忧郁的观点，从中拼凑出自己的哲学。比如他把康德（Immanuel Kant，1724年—1804年）“世界仅仅是一个现象”的观点与佛教“一切生命都是痛苦”的教义两相结合。叔本华又说，世界受到黑暗欲望的支配：那是一种盲目求活求存的本能，他称之为“意志”。这种本能控制着植物与动物，也控制着人类。叔本华认为，我们一生都被自身的需求与爱好驱赶，满足了一个就急忙赶向下一个，因此，人生就是一场无休止的追赶；这一个需求一旦得到满足，下一个需求就又开始酝酿。而在空窗期间，也就是一个需求满足了，但下一个还没出现的时候，叔本华说，我们会感觉到极度的无聊，这也让我们见识到这世界的了无意义。人生仿佛一只悬吊的钟摆，在痛苦与无聊之间来回摆荡。日后的爱尔兰文学家王尔德（Oscar Wilde，1854年—1900年）写道："人生只有两种悲剧：一种是人无法得其所欲，另一种则是他得到了。"说的也就是这个意思。

不过，叔本华还是认为有办法可以从这种痛苦中解脱，那就是否定你的意志。放弃所有的想望，也就是我们的幸福，而要达到这种完全摒弃自私本能与欲望的状态，有三种方式：通过忘我地观赏美与艺术、通过同情心的感受，或通过冥想与苦行生活。对叔本华而言，对伊壁鸠鲁亦同，幸福不过是痛苦的阙如——不是愿望的满足，而是毫无愿望。

也许你会认为伊壁鸠鲁学派、叔本华，以及斯多亚学派，都是胆小如鼠的无聊人士，他们只要获得一丁点就能感到满足，不想体会各种高低起伏，宁愿选择平庸且枯燥的人生；也许你觉得宁可开一场狂欢派对直到体力耗竭，也不要整个晚上乖乖地待在家里。那么，尼采（Friedrich Nietzsche，1844年—1900年）会同意你的看法。对他来说，人生是一场激烈的过山车之旅，囊括了过山车的一切元素：速度、刺激、极度的恐惧、热烈的欢欣，甚至还有呕吐，而一旦飞车抵达终点，就代表你得重头再搭一次。

◎ 永劫回归

请想象一下，你整个的人生都将无限次地重新上演。一个细节都不少：初吻、校园操场上的谈话、两人共度的每个浓烈夜晚、与上司的争吵、职场转换、分手、生养小孩的决定——总之，就是包括一切。如果你设想到你的人生将无限次地重演，你此刻的种种决定会不会有所不同？如果你知道，你的人生将永恒地重复下去，你会不会改变生活方式？

有时候我们会说："即使再来一次，我还是会这么做。"我们能不能把这种认定视为检验标准，来检视一个人是否过着真实的，或甚至真正成功的人生？是不是当永恒重演的念头再也吓不倒我们，甚至让我们感到欢欣叫，我们才真正算是过着自己的人生？

这个思想游戏来自德国哲学家尼采，他是打碎一切、用铁锤做哲学、宣告上帝之死、宣扬一切价值的重估，以及渴望超人降临的大思想家，其作品中的精神与文笔都给世人留下了深刻的印象，透露出强大的人格。但是他的一生却饱受痛苦与疾病的折磨，他有严重的偏头痛，在精神失常中死去。有时候我们不禁这样觉得，尼采用理论来弥补他悲伤的人生：这位屡屡在作品中嘲笑同情心的先生，在看到马车夫如何用鞭子抽打马匹时，却泫然落泪了。

爱你的命运

尼采起初非常着迷于叔本华的悲观主义，也十分尊崇音乐家瓦格纳（Wagner，1813年—1883年）。尼采认为，慰藉与救赎只有在艺术中才能寻得，特别是在希腊悲剧与音乐里，他说：“没有音乐，人生是一场错误。”因为音乐告诉我们，为何痛苦也能充满快乐，不和谐的音色才能给音乐带来不可或缺的张力、强度与变化。同样的道理也适用于人生中的不和谐。根据尼采的说法，我们必须学着把人生当成音乐艺术作品来看待，而且对于那紧绷与溃散的交替变化，还要有美学上的爱好。唯有如此，人悲惨的存在才成为可忍受的：“只有作为美学现象，人与世界才永远有存在的价值。”尼采写道。

他后来转而反对叔本华的悲观主义，并开始寻找属于自己的、欢乐的生活哲学，原来的悲观主义者摇身一变，成了伟大的人生肯定者；Amor fati（对命运之爱）——要爱你的命运，尼采如是要求。这个“最深邃的思想”，尼采写道，是他在瑞士的山上漫游时，突然从脑袋里冒出来的：世界永恒存在，一切事物无休止地重复循环；然而这种想象不应该让我们感到不安，而应该让我们觉得幸福，这是成功人生的检验标准。所以，根据尼采的永劫回归理论，“我们该如何生活？”这个问题的答案就是：你该那样生活，以至于你热爱自己的人生，热爱到希望每一个片刻都能无限次地重新来过。我们并不能确切知道，尼采是否真的相信有永劫回归，还是他只是把这种想象当成幸福人生的辅助工具；不过，既然没有足够的证据能指出尼采确实相信一切都会一再重复，我们最好从第二种可能性出发，并且扪心自问，这个永劫回归的想象，是否真的能帮助我们变得幸福。

“因为一切的快乐都要求永恒——要求深远的，深邃的永恒。”尼采在他的《查拉图斯特拉如是说》（Also sprach Zarathustra，1883年）中如此写道。确实，在洋溢着欢乐的幸福片刻中，我们会希望此刻永不消逝：一次朋友间的深度交谈、两人共度的甜蜜时光、派对上吸食迷幻药的快感，或者工作上全神贯注的快乐，这些美好时刻我们从不嫌多。照尼采的说法，这不该只对个别片刻成立，而应该适用于我们全部的人生。所以，在每一次抉择之前，我们应该问自己：“真的要这么做吗？”“现在这个决定将一再重复，直到永远，这样你愿意吗？”当然，这种问法会给我们的决定过程加上很大的负担。这种想法不会太沉重吗？不会，如果我们是真的希望那样决定，如果我们心里完完全全赞同自己的所作所为，那么我们就不再是单纯地过一天算一天，而是开始有意识地生活，并且不再做出败坏的妥协。有些人也许会活得更有勇气，另一些人会更谨慎些，有些人会更自我，也有些人会更无我，每个人认为的幸福人生都不太一样，因此并不存在有一种对所有人皆适用的幸福配方：“我们不应该给每个个别的人制定走向幸福的规范，因为个别的幸福是从每个人自己所不知、但是属于他自己的法则里流涌出来的；这样的幸福只会被从外而来的规范所妨碍与阻挡。”尼采个人的秘密配方就是：过危险与热烈的生活，从地狱里走过，克服所有抵抗，让自己变强。所以他写道："幸福是什么？就是力量越来越大、又一个阻碍被克服的感觉。"正如另一句名言的写照："那杀不死我的，就让我更强大。"这句话也是出自尼采这位热血的漫游者与登山者，只有辛苦的攀爬才会让登顶的人感到幸福，而搭乘缆车上山的人，即使同样在山顶上，也得不到同样的快感。

此外，永劫回归的思想游戏，从效果上来说，也等于体认到自己生命的有限：memento mori ——请记得，人有一天是会死的。时候到了，我们所有人都会死去，机会只有一次，所以我们应该把握机会：格言称Carpe diem ——好好享受这一天。这也可能是我们的最后一天。我们也可以问自己：如果我知道自己只剩下五年可以活，我会不会改变现在的生活？哪些事情我会换个方法做？而如果我会改变的话，是否意味着我现在所做的并不是我认为真正正确与重要的事？并不尽然，比如说我也可能决定改成把所有的财产拿来旅行，确实现在的我也有这个选项，但是如果这么做的话，五年之后我就破产了，而日子还是要继续过下去，那么我就惨了。没有明天的生活方式可能产生非常严重的后果，即使我们没有做某些非常想做的事，并不代表我们错过了真正的人生，只代表我们另有长期的规划。提醒自己有一天也会死，不过是告诉我们，不要只有满手计划，却忘记好好生活，因为不知道哪一天、哪一次的过山车之旅就会抵达终点，而且你将买不到第二张入场券。

◎ 西绪弗斯与大石头

请想象一下，你遭到天谴，必须把一颗大石球推上山。你别无选择，只好往手心里吐口水，开始认真工作。你用全身的力量顶住那颗浑圆的石头，慢慢往山上推去，汗水从你的额头滴了下来，你双手流血，用整个身体撑着石球，你的脸颊紧紧地压在那坚硬的石头上，满脸因疼痛而扭曲。但是你继续推着，一步又一步，石球滚了一圈，又是一圈。

渐渐地，你忘记了一切周遭发生的事，不再想昨天或明天，天地间只剩下你跟石头，你仿佛跟石头合为一体。你忘记了时间，直到你突然发现，你已经到了山顶。终于到了！但是当你一意识到这件事，石头就从你手中滑走，滚往山下去了。一切辛苦都白费了。这个工作毫无意义。

此时你听到诸神的笑声。他们对你呼唤："这就是你的命运！你必须一再地推这颗石头上山。而且每次它都将再度滚下山去。"

你挫败地往山下走，朝着山下的石头走去。你深深吸一口气，清楚地意识到自己的处境。"这块石头是我的命运，我的使命。"你这么想。到了山下，你再度投入这项任务，开始顶那颗石头——不是因为诸神要求你，完全只因为你愿意这么做，你把自己的命运握在手里，并突然感觉到，自己是幸福的！

这些思考来自20世纪的法国哲学家加缪（Albert Camus，1913年—1960年），他是除了萨特（Jean-Paul Sartre，1905年—1980年）与西蒙·波伏娃（Simone de Beauvoir，1908年—1986年）之外，最为人所知的存在主义者。存在主义的基本立场是，人类是孤立无援的存在——处在没有上帝、没有命运也没有计划的世界里。存在主义者思索着人类的存在，也关注人生黑暗的一面——死亡、恐惧、绝望与荒谬。然而超越这些现象的是，人类有绝对的自由，如同黑暗世界里的一道光芒。萨特认为，人类是由自己造就而成的，其本质就是没有本质，也就是变化多端的存在，能由自己变成一切。我们每个人随时都可以辞去工作，结束一段关系，移居国外，把一切抛在脑后——我们的人生完全握在自己手中。

在这样的思想背景下，来自阿尔及利亚的加缪撰述了讨论荒谬性的哲学，他认为，上帝既不存在，世界也没有意义，我们生活在没有边际的宇宙里，住在行星的表壳上，位于银河系边缘的某处。日复一日我们出门上班，完成我们的工作，晚上喝点啤酒，然后躺下来睡觉，我们如此生活，仿佛不知道有一天我们都要死去。可是死亡是确定的，我们死亡之后，一切就结束了，然而世界会继续运转，好像我们从不曾存在。人类有一天也将完全灭绝，而且不会有人在乎。我们的一生，就像朝生暮死的蜉蝣。

生命没有意义，这种想法常常为我们所排斥或遗忘，我们如此做事，好像我们所做的事情皆有意义可言，我们把自己跟我们的计划看得很重要。我们追求各种目标，也为我们的未来做各种准备。也许我们别无选择，但事实就是如此，我们确实只能这么做。尽管我们当中有许多人相信，究竟说来，这一切毫无意义。加缪认为，荒谬性就是建立在这一组对照上：人类会寻求意义，会追求目标，会为自己打算，实际上却处在漫无边际、没有意义的宇宙里。这种荒谬性，就如同西绪弗斯的处境，他也被迫从每日的劳动里找出意义来。然而终归而言，他很清楚一点：石头会再度滚下山。根据加缪所想，我们的人生就像“西绪弗斯的任务”，是一场毫无意义的行动，没有用处，也不会成功。

但是，最精彩的地方就在这里：加缪认为，“我们必须把西绪弗斯想象为幸福的人”。人生的毫无意义，对加缪而言，既不该让人绝望，也不该让人逃避到幻觉里，更不是自我了断的理由。正好相反：我们应该充分享受我们存在的一切面貌，尽可能积极地把此时此刻过得更好，意识到人生的荒谬性，就等于发现我们的自由。我们认识到，我们没有什么可以失去，规范、义务、计划、忧虑等都变得无关紧要，它们随意地运作着，就像其他一切事物一样。唯一能决定我们该怎么办的，唯有我们自己，我们终于把自己的命运握在手里，这种感觉真是棒得不得了。

掌握你的命运

西绪弗斯体认到，那块石头完全是他自己的事，“他的命运只属于他自己”，加缪写道。这是他觉得幸福之处。这个道理也适用于全人类，在没有上帝的宇宙中，不存在任何计划，除非我们自己打造一个。意识到这一点的人，如加缪所写，就是“他自己人生的主宰”，自己命运的舵手，他过着自主、完全清醒、充满热情、富好奇心且充实的生活，而且他一再地反抗其荒谬的命运，“没有任何命运是不能用鄙视加以超越的”，加缪又写道。人类唯一的尊严，就在于其有这种反叛的姿态，这种反叛同时是加缪人性伦理学的基础（以情感为核心的伦理学）——因为对非人处境与苦难感到愤怒，人们从孤独中走出，与身边的人团结起来，在反叛之中，人从“孤立”（solitaire）变得“团结”（solidaire），也就是从独行者变成团体中的一员。他开始捍卫某个将他与其他人联结在一起的事物，并为之奋斗，那就是人类的尊严。

◎ 幸福机器

请想象一下：世界上存在一台幸福机器。如果你把自己接到这部机器上，就能体验到所渴望的一切：健康、爱情、朋友、性、休闲、成功、财富，以及名望，你将感受到毫无缺憾的幸福。问题在于：你所体验的，只是个幻觉，不过只要你一连上机器，就会认为那一切都是真实的。

你会怎么决定呢？你要过自己真实的生活，还是要那个可以亲身体验的梦幻人生？如果你选择连上机器，你想连接多久？

这个思想实验来自2002年过世、曾任教于哈佛大学的美国哲学家诺齐克（Robert Nozick，1938年—2002年），这个思想游戏想要反驳的，是以下这个说法："对我们人类而言，幸福是最高的价值。"尼采就已经嘲笑过这种享乐主义的观点，他写道："人类并不追求幸福；只有英格兰人才那么做。"

事实上，绝大多数的人不会去连接那部机器，尽管连上之后他们会感到更大的幸福。或许对我们来说，关键并不仅仅是幸福。为什么我们不会希望把下半生都挂在这台机器上？有什么损失吗？因为会失去朋友、工作吗？可是只要我们一连上机器，我们就会感觉有很多朋友，也有工作可做。难道缺少的是痛苦、悲伤，以及苦难这些生活中必不可少的东西？但是如果生活中的不协调的元素，也会让我们感到幸福的话，那这部机器同样能在我们的脑中制造这种体验。只要我们希望，任何体验都能得到，不管是美好的还是痛苦的。

关键在于：好的人生不只是一连串令人渴望的体验而已，我们要的是真正的、真实的人生。我们想要认识真实世界以及真正的自己，我们想要缔结真正的人际关系，并发展自己的人格，我们想要做点什么，想在世界上有些影响；简言之，我们想要有所认识、有所行动，并且成为某种模样。如果我们把自己连到幸福机器上，这些就都办不到了，尽管感觉起来一切都很美好，这就是为什么幸福机器应许的终身幸福，反而会让我们裹足不前。然而为什么不连接几个小时或几天就好了？为什么不趁放假时间好好利用这部机器，而还是选择要跑去海边？沉浸在幻觉里到底有哪里糟糕？还有什么比做白日梦更美妙的事吗？我们不也喜欢投入电影与文学里那虚构的世界中吗？这跟使用幸福机器又有什么差别？

知识

假设有人说你只是颗泡在培养皿里的大脑，感受到的世界是计算机制造的梦幻泡影，要如何证明自己是活生生的人？

柏拉图／一切目的都在追求善之理型
亚里士多德／可感觉的世界不过是真实世界的仿本
笛卡儿／我思故我在
普特南／指涉必须跟我们有因果的联结
皮隆学派／要达到内心的宁静，就要先搁置判断
经验论／理性所掌握的一切，无一不先在感官之中
盖提尔／真实且有理由不足以构成知识

我们究竟能对这个世界有什么认识？我们能认识客观的真实性吗？还是必须满足于只认识现象？哪些见解是我们有充分理由信赖的，哪些又是我们应该批判质疑的？不同的生物、不同的文化是否对世界都有各自不同的视角？是否存在有“正确的”观看事物的方法？我们在接下来的这个章节里要着重讨论的，就是这些问题。哲学领域里专门研究这类问题的是“知识论”。这个理论讨论人类的认知方式、知识的来源与界限，背后的动力则是怀疑主义。怀疑论论者是很烦的一群人，他们什么都怀疑，什么都要打上问号，有些怀疑论论者在怀疑之中甚至做出“我们根本无法认识任何东西”这样的推论。一般来说，怀疑论论者的质疑都有很好的理由，比如他们质疑感官知觉的有效性，认为动物会用跟我们不一样的方式感知这个世界，然而我们怎么知道我们对事物的看法都是符合真实的？不过，怀疑论论者不只怀疑感官知觉，还怀疑我们的思考能力——我们怎么知道我们的理性有能力如实地思考这个世界？我们所有人都曾经出过错，那么我们如何能确信自己不会总是彻头彻尾地搞错了？我们究竟如何确定，恰恰就在此刻，我们不是正在做梦？

有些怀疑论论者并不因为这些怀疑而感到不安，正好相反：他们相信，只有不确定性才能使我们幸福。因为谁要是一辈子都独断地生活、总是怀抱立场强硬的意见，就会动辄为各种事情僵持、愤怒与激动，但这些事情其实都可以换个角度来看——怀疑不但不会使人不安，反而会使人平静。

在所有的争论里，有个不断被提出的问题是：知识与真理究竟是什么？我们什么时候能以充分的理由主张，我们对任何事物拥有知识？我们真的需要绝对地、百分之百地排除错误的可能性，才算拥有知识吗？还是说，只要大多数线索显示该认知为真就够了？什么时候可以说科学理论为真？当其模型如实描绘了客观的真实，或者当其能做出正确的预报时？这些都不是容易回答的问题，然而我们仍然应该试试看，为此我们首先得走进柏拉图的地下洞穴里。

◎ 洞穴囚徒

请想象一下：你从一出生就被链条绑在洞穴里，眼睛只能盯着前方的墙，墙上有一些影像可看，你可以听到从墙上反射回来的、仿佛是那些影子彼此在说话的声音。你的全世界就是这些看起来活生生的影子，除此之外，其他东西对你来说都不存在。你被囚禁在幻影的世界里。

现在你的链条被解开了，你转过头来——几乎无法相信自己的眼睛，你第一次看到三度空间的、立体的物体，而且你也看到那堆制造影子的火光——之前你一直以为那些影子是真实的东西。如今你发现，原来有人拿着些无生命的雕像走来走去，制造出墙上的影子，他们彼此谈话，让你一直错以为是影子在讲话。也就是说，你过去一直把雕像的影子——也就是仿像的仿像——当成真实的人类，因此是双重的认知错误。现在你看穿了洞穴里真实的情况。

然而你还没理解到，你是处在洞穴里——直到你看到另一道光，那光远比洞里的火光更加明亮，你顺着那道光往洞口走去，走到日光里。一开始你因为强光什么也看不见，你的眼睛需要一些时间来适应耀眼的阳光。你感到眼睛在刺痛。然而你逐渐看到了东西，那种清晰是你从来不曾经验过的。

直到此刻你才恍然大悟，你先前住在幻影世界里。你想要走回山洞，对其他囚徒讲述你看到怎样的光亮，然而当你走进山洞，只看到一片漆黑，你的眼睛几乎无法辨认墙上的影子。其他的囚徒以为你精神不正常，把你当成口出狂言的疯子，醉心于旁人无法理解的世界。

这个举世闻名的洞穴囚徒比喻出自公元前4世纪、生活于雅典的柏拉图，他所创办的西方第一所学院，可说是今日大学的前身。柏拉图的老师，也是他最尊崇的典范是苏格拉底，苏格拉底喜欢在雅典的广场上闲逛，拿些讨论真理、美与善的哲学问题来纠缠别人。他让雅典市民卷入深刻的思想辩论，详细分析他们的生活、价值观与信念。有别于其他所谓的辩士，只会用演说技巧包装的寻常智慧来卖钱，苏格拉底十分谦虚，嘴边总是挂着“我只知道一件事，就是我什么都不知道”的说辞。这种无知是会传染的，凭借出色的发问技巧，大多时候苏格拉底都能让谈话的对象深陷困惑之中。柏拉图形容苏格拉底像只电鳐不是没有原因的：被电到的人都会因麻痹而动弹不得。然而苏格拉底不只像只电鳐，还像名产婆：他用灵活的发问帮助谈话对象产生出自己的理念与思想，至少在那些苏格拉底扮演重要角色的对话录里，柏拉图是如此形容他的。如果没有这些对话录，苏格拉底的大部分事迹我们都将不得而知，因为他本人并没有写下任何作品，也许是因为他认为，好的哲学只有在口语的对话中才能实现。然而柏拉图对话录的性质更像是小说，并不是苏格拉底实际对话的书面记录，所以在诠释这些对话录时，我们不能照单全收。尽管如此，借由这些对话录，我们还是能约略看到苏格拉底是用何种方式与他的谈话对象进行哲学讨论的，而且透过其中对话者之口，我们也大致理解到柏拉图自己的理论。

理型的世界

根据柏拉图的理论，这个感官可见的世界并不是真实的，不过是虚幻的世界，他相信有一个更高的真实存在，也就是“理型（Idee）”[①]的世界。柏拉图的理型论可以用例子来加以说明：请你拿起手边的笔，并画一个圆形。画好了吗？你画的一定不会是完美的圆形，线条上的每一个点一定不会跟圆心有相同的距离，所以这个被画出来的圆形，相对于真正的圆，只不过是个不精准、略微扭曲的仿本。数学定义上的圆，线条不能有宽度、线条上的每一点距离圆心的长度都必须相等，这根本是人手画不出来、也看不见的。真正的圆是只能透过思想认知的形状——一个理型。可是一切感官可见的圆形，不论是大或小，线条是粗或细，是黑色或绿色，精准或不精准，都只不过是对圆之理型的仿本与描绘，只是近似于真正的圆。也就是说，我们必须把圆之理型放在脑中，当作智性的模板，如此才能判断被画出来的图形究竟是圆形还是六角形。只因为我们认识圆之理型，才使我们能在不同的形状中辨认出圆形来，所以，圆之理型本身是无法用感官认识的，却能帮我们将感官所见的圆形指认为圆形。理型如同典范。

根据柏拉图所勾勒的世界，这套说法不只适用于圆形，还适用于一切可能的对象上，比如树木、人、美好的事物，以及美善的行为。

---

① 柏拉图的这个概念历来有数种译法，另外的译法有“相”“理念”“观念”等。——译者注

柏拉图认为有一个树的理型，其内涵为一切树木所共有的东西，也就是使一棵树之所以成为一棵树的东西。这个树之理型人既看不到也摸不着，只能是思想的对象。善之理型也是如此，一切善的事物都有某种共同的东西，也就是善的自身；唯有透过这个抽象的善的自身，我们才能够认知到哪些个别的事物、行为与性格特征是好的，哪些则不是。我们的行为与思想处处受到善之理型的引导。

柏拉图认为，我们所做的一切，目的都在追求善之理型；谁要是认识了善，就会做善事。然而他也认为，人得先完成辛苦且漫长的哲学教育，才能认识到真正的善，这套教育需要有50年之久，在那之后，一个人才算是准备好接受最高的洞见；接着他需要进入尘世，从事政治；他必须为其他的国民指引道路，因为只有哲学家才是好的国王与统治者。可是请注意：谁要是挣脱了锁链、摆脱了洞穴的幻影，就会被其他囚徒认为是疯子，这有时候也会带来危险——柏拉图的老师苏格拉底就因为他的哲学学说，于公元前399年被判处死刑，不得不喝下毒药自尽。哲学也有可能是致命的。

苏格拉底提出的“什么是真”“什么是美”“什么是善”的问题，对现今的哲学仍然具有指标性的意义。不过虽然柏拉图的理型论现在已经几乎找不到赞同的人了，他对人类感官的可靠性所提出的怀疑，仍然没有过时。我们究竟要怎么样才能确知，这个世界真真实实地存在，就跟我们所看到的没有两样？我们有没有可能被自己的感官所欺骗？

◎ 缸中之脑

请想象一下：有一位顶尖聪明又一肚子诡计的神经科学家，昨天晚上偷偷溜进你的房间，将你麻醉，动手术把你的大脑给拿了出来，泡在培养液里，并连接到一台巨大的计算机上，以便处理从大脑传出的神经脉冲，并且向大脑供应数不清的讯号。这名神经科学家能给你的大脑提供特定的刺激，以使得他要你体验什么，你就会体验到什么。透过电流信号，他能在你的脑里制造一切可想象的感觉印象，比如说，让你此刻觉得周遭的一切都非常熟悉。而这也正是他已经做了的事：事实上从今天早晨开始，你所经历的一切都是幻觉。你以为自己拥有一具身体，此刻正在读这本书，可是你的大脑其实是泡在实验室的培养液里，接在一部计算机上。如果你想把这本书——你真的以为自己正在看这本书——翻到下一页，计算机就会确保你的大脑收到特定的讯号，让你以为自己有手，而且正准备往下翻一页。

实际上你根本没翻书，也不是正在阅读，并没有坐在椅子上，甚至也没有呼吸，你只是一个泡在玻璃缸里的、接上许多电线的大脑。不相信吗？那你能不能排除这种可能性？

这个思想实验出自生于1926年的美国哲学家普特南（Hilary Putnam，1926年—）之手，但其根本构想要古老得多，我们的一生也许只是一场幻梦——古代的怀疑论论者就已经提出过这种想象了。在一些情况下，我们会受到感官的蒙蔽，比如由于视线不良或药物影响而造成的视觉错误。而且我们常常没有意识到这类蒙蔽，因为我们把看到的假象当成真实。于是怀疑论论者就问了：有没有可能，其实我们从来就活在蒙蔽之中？事物真的像我们所感知的那样存在吗？其他生物所感觉的这个世界，跟我们所感觉的大概不会一样，比如狗、蜘蛛，或者蝙蝠，但是谁看到的才是正确的呢？如果我们拥有的向来不过是感官印象，那我们该如何掌握世界的客观存在？究竟有没有可能看到现象背后的真实？

我思故我在

17世纪的法国哲学家笛卡儿（René Descartes，1596年—1650年）对认知世界的可能性进行了彻底的怀疑，他想要把一切知识建立在稳固的、无可怀疑的基础之上，为此他尝试把任何容许丝毫怀疑的事物通通打上问号。比如他问：我们怎么确知，我们的生活会不会只是一场梦？毕竟我们在梦中的时候，常常也不知道我们其实是在做梦，而且总是把梦中的经历当成真实的。这番怀疑推论的最高点，是个跟缸中之脑很接近的思想实验。笛卡儿说，我们可以想象有个恶灵，它有办法在我们心中制造各种感觉与思想，并以此作为手段，在我们的眼前变出一个几可乱真的虚假世界，而且就连最简单不过的事物，恶灵也能骗过我们，比如说它能让我们以为一加一等于三，我们甚至不会注意到这其实是错的。在这里笛卡儿问了：有没有什么事情是这个恶灵绝不可能骗过我们的？有没有什么事情是绝对无可怀疑的，哪怕是有这样一只恶灵竭尽所能地误导我们？笛卡儿认为，是的，这种无可怀疑的确定性是存在的，那就是“我正在思考”的这个事实；哪怕我思考的一切内容都是被蒙蔽的，“我在思考”的这件事仍然成立。我的的确确在经验一些什么、思考一些东西，哪怕我的经验是虚妄的，我所想的都是错误的，但我的内心确实在进行一些什么，这一点我能百分之百地确信，而若是能确定这一点，那我也必定是存在的。“我思故我在”（Cogito ergo sum），笛卡儿如此写道。对自己经验的意识，是人类知识无可怀疑的基础，同时也是自我存在的证据。

指涉必须有因果联结

普特南把笛卡儿的恶灵思想实验转译到我们的时代里。既然今日的科学认为，我们所意识到的经验，都是经由脑内的运作所产生的，所以原则上，对大脑进行有目标的刺激，是有可能制造出特定经验来的，这个过程不需要身体，因为毕竟这些经验都是在大脑里被制造的。当我们看见一朵红玫瑰，我们的眼睛先把讯息传达给大脑，接着大脑会制造出红色的图像；而如果能够在大脑内制造完全相同的状态，则从眼睛到脑的过程就可以省略了，只要有人的大脑受到此讯号的操控，那他也会看到同样的一朵红玫瑰，即使四周其实一朵也没有。至于看到日落、散步，或者一个亲密的吻等经验，也可以如法炮制。通过脑部操控，原则上没有什么经验是变不出来的，也许普特南所想已经实现了，也许我们的大脑已经都泡在培养液里，被接上密密麻麻的信号线，并在有意的操控之下，自以为拥有身体，自以为正在读一本书。我们该如何排除这种可能性？我们是否能确定，自己不是被泡在玻璃缸中的一块大脑？

普特南认为：是的，我们能确知自己不仅仅是一块缸中的大脑。他的论证十分繁复，让不少哲学家想破了脑袋。普特南思考的路线，是从另一个思想游戏开始：

请想象一下，有只蚂蚁在沙地上走，留下一些痕迹，结果这痕迹看起来像是丘吉尔的肖像，现在请问你，这只蚂蚁真的画了丘吉尔的肖像吗？应该不是吧，蚂蚁的足迹很像丘吉尔只不过是出于偶然，蚂蚁本身根本没有要在沙地上为丘吉尔画肖像的意思，毕竟蚂蚁根本不知道丘吉尔是什么东西，根本也无法这样做。

就好像如果一个幼儿在纸上乱画，意外画出像是爱因斯坦著名公式 $E=mc^2$的图案，我们也不会认为，这个小孩写出了爱因斯坦的公式，毕竟这小孩既不知道爱因斯坦，也没有理解广义相对论的能力。

到这里为止都没有问题，但是这些例子究竟想指出什么？普特南的意思是，在这两个情况里，指涉关系都失效了。蚂蚁的足迹画并不指涉丘吉尔，小小孩的涂鸦指的也不是爱因斯坦的能量公式，这两个例子里头都少了表述与被表述之间的联结，不管那只蚂蚁的足迹有多像丘吉尔、小孩的涂鸦有多像爱因斯坦的公式都一样。光只是“像”，似乎不足以构成意思的呈现（Representation）。但是这些推论跟上述问题“我们是否可能真的只是缸中的一块大脑”又有什么关系?

根据普特南的理论，我们并不是什么事物都能指涉；我们所指涉的事物，必须跟我们有因果的联结。例如当我在原野上漫步，眼前出现了一棵树，这棵树会在我内心引发知觉印象，因此我会想：“我眼前有一棵树。”因为“树”这个字有所指涉，才会让我产生此知觉印象。同样地，当澳洲某处的树丛燃起了大火，原住民大喊“哇布！”时，我们会认为，“哇布”指的是火，因为恰好是火促使他们如此表述。现在让我们把这种说法应用到缸中之脑的问题上：假设有一块泡在培养液里的大脑，它相信它看到前面有一棵树。当然，这个感官印象不是由一棵树触发的，而是来自一台与这块大脑联机的超级计算机。如果这个人从出生起就如此连上这台电脑，他也就从来不曾接触过真正的树，他一切对树的感官印象都不是来自真正的树木，而是由计算机所触发；那么，如果“树”这个字是触发“树的感官印象”的原因的话，那么当这脑子泡在玻璃缸里的人使用“树”这个字的时候，关联到的只能是计算机指令——这个人绝无可能指称真正的树木。

就像蚂蚁不能指称丘吉尔，缸中之脑同样也不能指称外在世界的客体，他的整个世界只是那部计算机；即使这个被插满信号线的人体验到和我们一样的内容，他也无法指称树木或人，不能指称落日，也不能指称天鹅。他所有的感官印象都是计算机指令的产物，所以当他说“树木”“太阳下山”或“天鹅”时，他指称的也只是计算机指令，就连当他说“大脑”时也不能例外。他甚至无法思考大脑或玻璃培养皿，所以根本也无从思考自己会不会只是缸中之脑这样的问题。唯有我们这些不是缸中之脑的人，才能够思考缸中之脑的问题。所以，以为自己只是玻璃缸中的一块大脑，这种想法必定是错误的：要么我是缸中之脑，那我就不可能以为自己是缸中之脑；要么我不是缸中之脑，那么我虽然可以这么猜想，但这一定是错误的推断。然而说到这里还是有个问题：我怎么知道我能否思考缸中之脑的命题？我要从何得知，我所说的话语是否能指涉真正的树木和大脑，还是这一切其实都只关涉到计算机指令？

普特南排除缸中之脑可能性所用的这些论证，引起了广泛的争论，支持者与反对者始终无法达成共识——在哲学里常常都是这样。然而我们约略可以得出，怀疑论的主张几乎是无法击溃的，搞不好我们一辈子活在一个长长的梦境里，或者我们真的是缸中之脑也不一定。百分之百排除或许办不到，但是这并不能代表什么，不管好还是不好，我们都得与这种不确定性共存。有些怀疑论论者认为不确定性的好处大过于坏处，因为我们需要这种不确定感，才能过幸福的生活。这就是所谓的“皮隆学派”（Pyrrhoneer），我们将在下一个思想实验中讨论。

◎ 明希豪森的三重困境

请想象一下，你有个四岁的孩子，整天不停地问你“为什么”。“你现在得穿上鞋子了！”“为什么？”“因为我们要出门了。”“为什么？”“我们还得去买东西。”“为什么？”“冰箱已经空了啊。”“为什么？”剩下的请自己想象。也许你很清楚这种困难，因为自己小时候就这么问过：不管大人给出什么理由，小孩子都能往下问下去；大人才说完一个理由，小孩又问出另一个问题，如此接连下去没有终止。

从逻辑的观点，你有不多不少三个选项：要么你持续地给每个理由提出理由，但这样的话你得跟小孩说个没完，以至于无法在商店打烊前去采购。要么你解释到了某个时候就不玩了，直接说“这本来就是这样，没有什么理由好说”。要么，作为第三个选项，你可以给出循环的论证，比如你对小孩说：“我们得去采购，因为你肚子饿了。”“你肚子饿了，因为冰箱已经空了，而我们得去买吃的。”A的原因是B，B的原因是C，C的原因则是A。可惜这三个可能的选项都不能令人满意：无休止的论证序列只会没完没了，而独断地终止问答过于专横，最后的循环论证却根本是无效的。

于是你困在三难困境里，完全没办法好好给你的小孩解释，为什么他现在应该穿上鞋子！

这个三难困境一般认为是由古代怀疑论论者阿格里帕（Agrippa，公元前64年或公元前63年—公元前12年）所提出，德国哲学家阿尔伯特（Hans Albert，1921年—）将之称为“明希豪森三重困境”（Münchhausen-Trilemma），引用的典故是明希豪森男爵靠着拉扯自己的头发，把自己从流沙里拉出来的故事。这是根本不可能的事，但是要替问题找出原因，真的像把自己拉出流沙一样不可能吗？“是的。”古希腊皮隆学派的怀疑论论者如此认为。皮隆学派的祖师爷与典范是来自伊利斯[①]的皮隆（Pyrrhon von Elis，公元前360年—公元前270年）。据说他将一切都置于怀疑之下，因而总是能保持内心的宁静。有文献称他有次在海上遇到暴风雨，全船的人都非常惊慌，但是皮隆仍然面不改色。他指出，虽然有暴风雨，但是船上的猪还是气定

① 伊利斯（Elis）为位于希腊伯罗奔尼撒半岛西部的一座城市。——译者注

神闲地吃着东西，因此他认为，在保持内心宁静的这件事上，人类还有很多要向猪学习的地方。

搁置你的判断

皮隆学派的怀疑论是最彻底的怀疑形式，信奉者相信，我们所能判断的，仅仅是事物如何出现在我们眼前，却从来不能判断，事物的真实存在到底是什么模样。他们认为，在每一句论断上，都应该在前面加上“我此刻觉得……”这几个字。若是不加的话，就是狂妄，或者会导致矛盾。苏格拉底的名言“我知道我什么都不知道”严格说来是自我矛盾的——谁要是什么都不知道，也就不可能知道他什么都不知道，不然的话，他就是同时既什么也不知道，但却又知道“我什么都不知道”这一件事，而这是互相抵触的。类似的批判也适用于“一切都是相对的”这个主张，此主张本身究竟是相对的还是绝对的？如果是相对的，那么就失去了其论证的效力，但如果是绝对的，那又与自身的命题自相矛盾。皮隆学派的追随者试着避免这类陷阱，办法是，他们只陈述事物此刻在他们眼前是什么情况，例如：“我觉得，我们无法确知任何事物。”或者说：“一切看起来似乎是相对的。”

皮隆学派认为，每种意见都存在同样有力的理由来支持与反对，不管主题是什么，正方与反方永远势均力敌。宇宙是有限还是无限？上帝是否存在？核能应该支持还是反对？头巾该禁止还是允许？动物该宠爱还是屠宰？民主应该保护还是废除？理性与感觉哪一个更值得信赖？物理学与秘密宗教哪一个更值得信仰？皮隆学派的人认为，所有的问题都不可能做出有充分理由的判断，你随时可以找到同样多的理由来支持一方与另外一方，他们把这种对反观点之间的平衡称之为“均力原则”（Isosthenie）。

他们认为，谁要是明白在每个问题上，正方跟反对方的力量都一样大，就会停止再继续判断，他们用 Epoché①来表达这种不做判断的状态：从这种状态里可以获得内心的宁静，即所谓的“心如止水”（Ataraxie）。因为谁要是能从所有固定的意见解脱出来，也就能放下所有忧虑，不再受愤怒与急切之扰；如果你根本不能确定金钱财富值不值得追求，那当你遇到强盗，或当社会发生动荡时，你的反应就会很平静，因为对你来说，那并不是世界末日；如果你认为绝对真理并不存在，就会对持异议者更为宽容，也不会轻易在旅途上，因为各地的风俗民情差异而失去平常心。然而这种对万事万物保持距离的心态，不只带来了冷漠的危险，还会导致决断能力的丧失，对此皮隆学派也有应对的办法：无论在思想还是行动上，他们都以主观印象为依归，端看事物对其造成什么影响；尽管支持与反对的理由似乎势均力敌，他们却依然倒向其中一方，而且不需要理由——也许顺从他们所受的教育、所属的文化，或者单单只由于当下的心情。他们并不反对这种不需要理由的倾向性。

---

① 希腊文 ἐποχή，就是“搁置判断”之意。——译者注

也就是说，皮隆学派的怀疑论论者认为，要达到内心的宁静，就要先搁置判断，而判断之搁置，又是因为他们相信每一种确信都不比反面的信念更为强大。然而他们要如何论证这个均力原则？彼此反对的意见之间存在力量的平衡，这件事又该怎么证明？为此，皮隆学派的追随者准备了一整座弹药库的怀疑论证。除了上述的三难困境以外，相对性论证是他们最重要的怀疑理由，这个论证是说：对一件事情，总是会有多个视角，从不同的视角看去，或者在不同的背景脉络底下，事物看起来是不一样的，因此每个现象总是容许不止一种解读。如果我们硬是要坚持其中的一种解读，那就可能发生一个情况：未来的世世代代会把我们的观点当成笑柄。人们一度相信地球是个圆盘、有女巫的存在、黑人是次等的，以及科技进步必定会给我们带来幸福等等谬论，虽然直到今天，我们还对动物的价值低于人、机器人无法有感觉、我们不能永远活下去等说法深信不疑，但是，等着看吧！

对于皮隆学派的相对性论证，有一点必须说明：尽管人们有各种不同的观点，但是从此事实并不能得出一切都是相对的、没有所谓对与错这样的结论。一方可能是对的，另一方可能是错的。比如拿两性平等的问题来说，从前多数人认为，女性并不具有跟男性相同的权利，但那样的观点完全是错的。“但是在那些人的观点里那并没有错”这样的反驳，完全可以代换为“他们把一件错误的事当成是对的”。不过，为什么我们今天可以这么肯定我们是对的？因为我们对支持两性平权，比起反对两性平权，有更好的理由。可是，问题又来了，什么叫好的理由？符合《古兰经》的教义，可以算是支持一个信念的好理由吗？原教旨主义者就认为算，要他们接受相反的信念，需要耐心、同理心，以及敏锐的洞察力。就你个人而言，如果要改变你根深蒂固的信念，让你的世界观崩溃倒下，会需要多少工夫？比如说，如果有人要让你不再相信物理学与人权，而是改信巫毒教，并相信奴隶制度在道德上并无可议之处，他该怎么做？光用论证够吗？

我们还是可以拥有知识

最后让我们回到明希豪森三重困境：这个论述指出，任何给出理由的尝试都是注定要失败的，给出理由到了某个阶段，就不得不中断，而且没有理由。因此，我们用所有信念所堆成的高塔，其实只是奠基在散沙之上，随时都可以崩溃倒下。但是真的是这样吗？所有理由序列的结束点都是专横且无理的吗？让我们考察一个例子：莉萨觉得身体不舒服。我怎么知道的？她告诉我的。她的话可信吗？我觉得可以吧，我不觉得她像在说谎，也想不到她有什么理由需要对我讲假话。但是我能不能排除她有可能说谎？没办法很肯定。可是我还是会认为，我确实知道她身体不舒服，毕竟是她亲口告诉我的。那我还要求什么别的呢？我又不能跑到她的身体里去感觉一下她所感觉到的。如果一定要钻到别人的身体里才能知道，那我们就真的对其他人的内在感受完完全全地一无所知了。但这种说法却是荒谬的，就好像有人主张，能够一分钟内治好所有疾病的人才真正算是个医生，所以这个世界没有医生一样的荒谬。这种要求根本违反现实，也没有人提，所以我们并不这样说。

我们可以再看看另一句话：昨天晚餐时有意大利面可以吃。我怎么知道？我还记得。我的记忆不可能骗我吗？可能。不过一般来说我的记忆没什么问题。用记忆来证明一个说法是可靠的，这样够吗？如果这样不够的话，那我们就得把一切事情都记录下来，以便隔天还能确知我们昨天都做了什么。这太荒谬了！

最后让我们再观察一下“明天会下雪”这个论断。我怎么知道？我看了天气预报。我怎么知道天气预报准不准确？目前为止预报大多都是准的。所以虽然不必然表示这则预报会准，但是准的概率很高。18世纪的苏格兰哲学家休谟（David Hume，1711年—1776年）就指出：我们永远不能确定明天太阳还会升起。虽然这是对的，但是我们应该就此停止判断明天太阳是否升起吗？大概不用吧。所有迹象都指出会，没有证据指出不会。所以呢，我们完全有理由这么说：“我知道明天太阳将会升起。”但是我们还是有可能是错的。这种哲学立场是“可谬论”（Fallibilismus），而且或许是当今最显赫的哲学立场，可谬论区分知识与确定性。可谬论论者认为，即便无法绝对确定，我们还是可以拥有知识。这样说很好，因为绝对的确定性是我们永远无法企及的。此一洞见正是拜怀疑论论者之赐。

◎ 缺少的蓝

请想象一下，你去裁缝店，想定做蓝色的衬衫。当身材尺寸量好之后，裁缝问你衬衫想要哪一种蓝色，他的意思是店里有20种不同的蓝色，于是就拿了目录给你看，目录上只有19块布样，第13号蓝的可惜已经不见了，不过那就是一种介于第12号与第14号之间的蓝色。你确实也最喜欢第12号与第14号的色样，所以你猜，介于中间的蓝色可能正是你要的。裁缝说："没问题的。12号跟14号你已经看到了，你只要想象在这两号正中间的颜色就好了，就用一下你的想象力吧！"你遵照了裁缝的指示，开始用力地想，可是不知怎么回事，这么做比想象中的困难——又怎么会容易呢？毕竟你这辈子还不曾看过这种蓝色。

裁缝又给了点协助："请你想象比12号更绿一点，但是又不到14号那样绿。"突然间你成功了，觉得在心里清楚地看到失落的13号蓝色。"这就是我要的衬衫颜色！"你这么想，并且心满意足地回家了。

到家之后，你又开始怀疑，并问自己："想象一个自己从未见过的颜色？这怎么可能呢？"

这个例子出自哲学家休谟，他与洛克（John Locke，1632年—1704年）及柏克莱（George Berkeley，1685年—1753年）同是经验论论者。

经验论是一种哲学思潮，这些人主张，我们对世界的一切知识都是通过感官知觉的中介而获得的，“理性所掌握的一切，无一不先在感官之中”便是经验论论者高举的标语。洛克是英国经验论的奠基者，他把人在出生时的心智比拟为没有写过字的白纸，一块“全新的蜡板”（tabula rasa）①，他在这里特别针对的就是所谓的理性论论者。后者主张，人具有天生的理念与知识，柏拉图——理性论的始祖——就已经主张了，哲学洞见不能通过感觉与经验，只能靠纯粹的沉思来获得，也就是通过回忆的方式。柏拉图把知识的学习视为一种回忆，在《美诺篇》（Menon）的对话录里，柏拉图描述苏格拉底如何教导没受过教育的奴隶几何学，苏格拉底只是提出问题，让奴隶靠自己获得正确的解答，柏拉图把奴隶学习这个知识的过程形容为“记起某个他曾经知道过的，但后来又忘掉了的东西”。根据柏拉图的说法，我们的灵魂在出生之前已经知晓所有数学与哲学的真理，只是在出生与获得身体的过程中，将之忘记了。

后来的理性论论者比如笛卡儿、斯宾诺莎（Baruch de Spinoza，1632年—1677年）及莱布尼茨（Gottfried Wilhelm Leibniz，1646年—1716年）也提出论证，主张特定的洞见与理念，并不是经由经验才进入我们的心智的，而是打从一开始就已存在。他们指称的这些天生的

① 拉丁文，指一张完全刮平、供首次使用的蜡板，古代的书写工具。——译者注

理念，包括逻辑法则、“我”的概念、同一性原则、数字、善的理念或者上帝的理念。比如笛卡儿就如此论证上帝的存在：“我们一出生就具有对无限的存有者的想象。”可是这个无限者的概念不可能从我们之内产生，因为我们是有限的存有者，这只能从上帝那里而来。

而经验论论者对此表示反对，他们要证明，我们一切的理念跟想象都是经由经验获得，我们所能想象的任何东西，先前都必定在某处用感官知觉过，不管是清楚或模糊的。休谟指出，尽管金山是我们不曾见过、也不存在的东西，但是我们仍然能够想象出一座金山，此事之所以可能，是因为我们经验过黄金的制品，而且也见过山的缘故；他认为，金山不过是把我们对黄金与山的想象组合起来的产物。

既然感官印象可以加以组合与改变，这就给我们的想象力打开了广阔的但并非无限的施展空间，13号蓝色的例子也许是模棱两可的思想实验，休谟或许是想指出其理论的困难之处；因为我们并不能总是清楚，一个新的想象究竟是已知感官印象的变种，还是某个全新的东西。然而我们可以确定的是，盲人无法想象金山，同理他们也不能想象13号蓝色是怎么回事；他们缺乏进行这些想象所必需的黄金、山、蓝色的感官印象，也就不能拥有相应的概念。休谟认为，所谓概念，不过是对感官印象的粗糙拓印，或是不甚准确的复制品而已，而没有感官印象就没有概念。然而感官印象究竟从何而来？我们又怎么知道这些感官印象是否忠实地反映了真实？感觉器官真的对我们展现了世界的真貌吗？

经验论与怀疑主义的论战

洛克认为，只有特定的感官印象会忠实地符合事物的客观性质，他区分首要的感官性质，如大小、形状、厚度或者位移，以及次要的感官性质，如颜色、气味、口味、硬度或温度。只有首要的感官性质会对我们展示事物的客观特性，相对地，次要的感官性质仅仅是主观的，也就是我们心智的产物；在真实的世界里，既不存在颜色，也没有气味，只存在极小的、彼此碰撞的粒子。

柏克莱批评了洛克对主要性质与次要性质的区分；他认为，就连首要的感官性质也只是主观的，所谓形状、大小与位移也仅仅存在于我们的心智里。休谟由此得出怀疑主义的论断：对于世界本身，我们只能凭空猜想；然而只要信念与认知模式能良好运作，而且我们能在这个世界上正常生活，那么就没有必要为这种认知的不确定性感到担忧。

经验论论者认为，我们的理性是从简单的感官印象出发，来建构越来越复杂的概念，比如金属、生命、自我、自然法则或者上帝的概念。不过休谟的观点是，我们在制造这些概念时也会出错，多数的概念是经过对感官印象的重组与抽象化而构成的，并再也无法跟原来的感觉联结起来；理性在这里脱离了感官，不受拘束地编造、发明出空洞的幻象。休谟认为自我概念、因果关系原则以及上帝概念就属于这种情况。

让我解释一下休谟的理论是什么意思：当我们进入自己的内心，仔细地观察自己，我们不会发现“我”这个印象，只会找到一大堆感官知觉的印象，即由有意识的经验所组成的串流，别的东西是找不到的，休谟如此认为。同样的说法也适用于因果律：从来没有人真正观察到过原因和结果之间有一股力量在传递；当一颗滚动的撞球撞击到另一颗静止的撞球，我们唯一能观察到的只是有一颗停住了，而另一颗开始滚动，然而造成这种结果的力量本身，却无法为我们看见。事实上在撞球里也许有小小的发动机：静止撞球的发动机，也许是在受到滚动撞球撞击的那个刹那，才正好启动的。而滚动撞球的发动机，可能是在碰到静止撞球时正好被关上的。根据休谟的想法，这整件事情只是因为看起来像是相撞，而给我们产生了力量传递的印象，实际上根本没有力量传递这回事。因果律不过是空洞的概念，缺乏感官印象的基础来支持，人们纯粹只是由于习惯才制造了这种概念：我们观察到，特定事件总是引发特定事件，我们太习惯看这些事件以如此顺序发生，以至于无法在看到前者时，而不想象到后者。我们把这种心理习惯错误地套用到自然之上，然后以为自然界中也存在强制性的法则，规定了各种事物能做什么、不能做什么。然而在休谟看来，这种“自然法则”不过是我们习以为常的例常现象而已。

至于上帝的概念，休谟也没有比自我概念与因果律高明到哪里去的理论，上帝的概念是建立在错误的模拟与愿望之上的，背后没有充分的感官印象为基础。然而对经验论论者来说，观察才是检验一切确信的试金石，所以任何超越感官的论述，打从一开始就应该受到怀疑，都被当作是没有内涵的凭空嘟囔。事实上，许多经验论论者最大的关怀，就是要把玄想的形而上学清扫一空，转而信赖实事求是的、建立在观察与实验之上的科学。波普尔（Karl Popper，1902年—1994年），20世纪奥地利与英国裔的哲学家，也仍然属于这个传统。他的要求是，科学理论成立的要件，是必须可以通过观察而被推翻的，也就是必须具有“可否证性”（falsifizierbar）。例如像是“一切都是命运”或者“你的人生即将进入转折的关键”这样的述句，都是无法否证的，所以都是违反科学的。如果你喜欢占星术，你应该赶快检查一下那些占星的述句是否能够被证明为伪，你一定会发现，大多数占星术的文字是如此地模糊，如此需要多方诠释，以至于几乎无法被反驳，也因此或多或少适用于我们所有人。

科学理论的判断标准

对今日的自然科学理论来说，必须与观察一致仍然是最重要的要求，然而我们常常无法直接观察到理论背后所牵涉的对象与法则，而只能观察其效应与结果；直到目前为止，还没有人真正看过夸克[①]，或者看过暗物质[②]长什么样子。然而现在人们普遍认为，所有的物质客体都由夸克组成，而且宇宙中有70%是暗物质。

物理学提供给我们的，是可以解释现象与预测现象的模型，至于这些模型是否正确反映了客观的实在，追根究底而言，我们永远不会知道。我们能看到的一切，都只是现象，不过，就连希腊神话也能解释为什么有打雷：宙斯又发脾气了，所以在展示他的力量。那我们为什么不相信希腊神话呢？因为电能释放的理论能做出更好的预测，设定也比较简单，比较不会使用到神秘难解的存在。所以，除了实证的适用性之外，预测能力、简单明了及使用较少玄秘的元素这三项，也都是检验科学理论的判断标准。

我们虽然知道怎么判断一个理论是否比另一个更好，但是我们还是不知道什么是知识，在本章的最后一个思想实验里，我们要更仔细地好好考察一下“知识”这个概念。大多数重要的哲学概念都有些难缠之处，“知识”这个概念自然也不例外。

① 夸克（Quark）是在电子之后被发现的另一种基本粒子，也是构成物质的基本单元，目前尚无法直接观测，只有在其互相结合成复合粒子时，才能被观测到。——译者注

② 解释宇宙加速膨胀现象的一种假说。——译者注

◎ 故障的钟、正确的时间

请想象一下，你刚走完漫长的夏季健行，疲倦地回到老家的村子里。因为你把手机跟手表都忘在家里了，所以你并不知道现在几点了，可是你看到教堂钟塔上的钟指着七点半，于是你得知现在的时间了。

但是请你想象，教堂的塔钟其实在整整12小时之前就不再走了，在这个情况下，时钟此时所指的时间虽然还是正确的，但是这不过是出于偶然。因为如果你十分钟后才抬头看钟，也就是七点四十分时才看，钟塔的时间就会是错的，因为它一直都停在七点半。

所以呢，假设你在七点半的时候看了那个故障的钟指着七点半，于是认为现在是七点半，那么你算不算知道现在是七点半？事实上，对于此时此刻，你拥有正确且有理由的认知。也就是说，你所知的是正确的时间，而且有很好的理由支持你的认知，因为你不是凭空认定，而是看了钟塔的时间。假设塔上的钟没有故障，那会是很好的理由，我们可以说，你确实知道现在几点钟。但是现在钟其实已经停了，只是出于偶然、碰巧在这一刻指着正确的时间。这样的话，人们不会说你真的知道此刻的时间。

那么，知识是否仅仅只是一个正确且有理由支撑的意见呢？

自柏拉图以降，许许多多的哲学家都这么相信，知识就是正确且有理由支持的意见，谁要是知道什么，就是拥有符合真实、有道理的确信。人们普遍接受一种看法：人只能知道真实的事物。确实你也可以相信地球是圆盘，可是你没办法知道地球是圆盘；有时候我们确实也会说“对中世纪的人们而言，地球是个圆盘是一个知识”，然而我们的意思不过是说，那时候的人类以为自己知道地球是个圆盘；但真相是他们搞错了，他们信以为真的知识其实根本不是知识。所以，为真是知识的必要条件。然而光凭一个为真的确信仍然算不上是知识，知识还需要理由；谁要是中了彩票，他并不是知道彩票的号码，而只是运气好。知识不只是一种预感、臆测与猜想，知识还需要用理由来支持。所以知识是真实且有理由的意见。至少两千年以来人们都是这样认为的。

知识需要真实的确信

1963年，有位名叫盖提尔（Edmund Gettier，1927年—）的美国哲学家对这个存在已久的定义提出了反驳，原本盖提尔什么都不想发表，但是旁人一直要求他写出来，最后他交出了一篇只有三页的论文。结果，那篇文章成了20世纪最重要的哲学论文。盖提尔提出了两个思想实验，三两下就把历史悠久的古典知识定义“知识是真实且有理由的意见”给推翻了，在那之后，有数不清的哲学论文都在讨论这个题目，也出现了好几个新的知识理论，这一切都只因为他那三页论文！

另一位生于20世纪的哲学家戈德曼（Alvin Goldman，1938年—）也跟其他许多人一样，自己构想了一些所谓盖提尔事件的例子，也就是人虽然有符合真实且有理由支持的意见，然而却并不拥有知识的例子。有一个例子是这样说的：亨利开车载儿子穿过农业区，当他们从一座谷仓旁边开过时，儿子问："爸爸，这是什么？"亨利回答："这是谷仓。"虽然亨利的答案是对的，但这件事有个麻烦之处：这个区域里所有的谷仓，除了亨利说的这一座以外，都是用纸板搭的假谷仓，也就是制作精良的谷仓模型。这是当地搭造的观光卖点，但是亨利并不知情，从前这个区域只有一座谷仓，这个谷仓被原地保留了，所以，亨利不过是正好在经过这个谷仓时，恰巧被儿子问起那是什么，一切都是纯属运气。如果他儿子早一点或晚一点问，那亨利就会给出错误的答案，因为这些真假谷仓之间在视觉上完全无法区别。所以亨利没有理由认为，他看到的谷仓只是模型，一切迹象都显示，那座建筑就是谷仓，因此他有一个符合真实而且有理由的确信。但是，他这样算知道他所指的建筑是谷仓吗？戈德曼认为，不算。因为这当中有太多运气成分了，他本来差一点就会答错，他本来完全可能会指着模型说那是谷仓，并就此陷入错误。亨利真实的确信，就像中彩票的人一样，他的感官印象给他的确信提供了理由，然而这个印象却是不可靠的，没办法分辨谷仓跟模型。戈德曼认为，一个意见要能算作知识，必须建立在可靠的方法之上，亨利的情况就与此不符。可是，那什么时候形成意见的过程才是可靠的呢？能在大多数情况下都得到真实的确信才算可靠。但是这样就够了吗？

最后，让我们再看一个思想实验。假设有人（偷偷地而且在麻醉下）在你的大脑里植入了一个小小的温度装置，这个装置会在你的大脑里持续地制造出温度的真实确信来，这个装置的运作极端可靠，但是你并不知道自己的脑袋里被植入了这个东西。于是你对温度的判断总是正确，可是你从来没有真的拿出温度计来，对自己直觉就知道的温度做个系统的测试。你觉得自己好像每次都是用猜的，但事实上，你每次说的温度都是对的。假设我问你，现在气温多少。你想了一秒钟就凭直觉回答：25度。真是丝毫不差。但是你算是真的知道此刻是25度吗？既然你拿不出理由来说明，为什么你的判断就应该是正确的？

这些问题与思索显示，我们根本不知道什么叫知识。只有在厘清这些概念性的问题之后，我们才能问，我们能从这个世界知道什么。所以，“我们能否认识真实”这个问题，不只取决于我们与世界，而且首先取决于我们的知识概念。在这里我们再度确认：我们必须先厘清这些概念，才能从根本上理解这个问题。只有在那之后，我们才能开始寻找答案。

道德

假设你在桥上，目睹电车即将撞上轨道上的五个人，拯救他们的唯一办法，就是把站在你身旁的一个人推下去，你会怎么选择？

你最好的朋友心情跌到了谷底，因为他的女友把他给甩了。你可以不管他，依照既定的计划去度假，让他一个人留在家里痛苦吗？我们总是遇到这类道德问题：我应该照顾生病的母亲还是去拯救陷入危机的公司？我可以对另一半撒谎吗？我要捐出收入的十分之一去帮助发展中国家吗？我可不可以买那些在违反人权的工作条件下生产的衣服？我可以因为吃肉而杀生吗？政府应不应该为了防止恐怖攻击，而侵犯公民的隐私？我可以把有缺陷的胎儿堕掉吗？我可否剥削我自己？人们当初是不是该杀掉希特勒？我们可不可以用酷刑对待炸弹客的小女儿，逼她说出埋设炸弹的位置，好拯救数以千计平民的生命？

我们都问过自己这类问题。哲学理论当中特别想要尝试回答这些问题的，是道德哲学，或者称伦理学。这门哲学寻求为道德规范建立理由，也就是说，试着为“你不应该杀生”或者“答应了就要做到”这类的应该述句找出理由，并且将其归结到普遍性的原则上。伦理学想要找出，哪些事是应该做的，以及为什么一个行为在道德上是正确或错误的。

从几十年前开始，也出现了所谓的应用伦理学，这个学科关注的是在生活中出现的具体伦理问题，比如生命伦理学（Bioethik），试图从伦理的角度，关注能否允许基因科技、堕胎、安乐死、代孕或器官捐赠等问题。动物伦理学研究我们对待动物的伦理问题，比如能否饲养动物、做动物实验以及屠宰动物等等。而媒体伦理学，则会询问比如“狗仔队可不可以到处窥探名流的隐私”的问题。

伦理学关乎道德的正确性。然而，在道德里真的有所谓正确与错误吗？我可不可以规范我的邻居该怎么生活？道德是奠基于理性的理由，还是以情感为基础？哲学也讨论这些问题，这门学问称为后设伦理学（Metaethik），后设伦理学追问伦理学所有努力背后的东西，研究道德规范究竟能不能为真、到底能不能以理性说明其理由。

许多人认为，在哲学领域内，伦理学是最吸引人的科目，因为伦理学直接关系到我们的生活，我们的生活也在很大的程度上，由他们所给出的答案决定。不过，要冷静、理性地讨论伦理问题并不容易，因为只要一牵涉到道德，情绪很快就会沸腾起来。我们对自己信奉的道德原则，当然会非常在意，谁要是持了不同的看法，我们有时候甚至会跟他绝交。所以在探讨伦理学的问题时，抱持着苏格拉底的“无知”美德是很重要的，要能不带成见、心怀善意、自我批判，以及有好奇心。只要是更好的论证就接受，不管讨论之旅是往哪个方向发展，对话的结局总是开放的。没有预设立场的人，也就没有什么可以输，而且谁要是已经有了既定的立场，也可以在对话结束时决定改换立场。至少这是我非常个人的讨论策略，以免自己受到成见的约束；还有个很好用的策略是，任何意见，如果不能说明理由，就不要说出来。这样我们很快就会发现，原来我们的意见一大堆，好理由却很少。

但是现在轮到你了：你会把下文这个胖子从桥上推下去吗？

◎ 电车与胖子

请想象一下，你观察到一列无人驾驶的电车，正朝着五名轨道工人疾驶过去。这些工人都带着护耳罩，而且因为轨道旁几乎无处可闪，所以没有可能逃脱，这列电车将会辗死那五名工人。只有你还可以阻止这场灾难，意思是说，你可以切换转辙器，开关的把手就在你的旁边。然而请注意：如果你切换转辙器，电车将切换到另一条支线上，而那条支线也有一个工人，电车如果驶过去，他也将会丧生。然而你就只有这两个选项。要么你什么也不做，让五个人死去，要么你切换转辙器，让一个人死亡。你怎么选择？让电车改道，好让只有一个轨道工人死去并让另外五个人得以活命，这样是对的吗？

如果你想的是“只死一个比死五个好”，那再请你想象一下以下这个类似的，而且有点残忍的状况：这辆无人驾驶的电车正往五名工人驶去，这次没有转辙器，也没有第二条轨道。你本人站在桥上，电车正要从桥下冲过去，唯一可以阻止电车的办法，就是把站在你旁边的胖子推下桥去，让他卡在电车之前，使电车停下来，五名轨道工人就能得救，可是这位胖子当然就死了。

你会怎么做？你会要杀害这个胖子，以便救那五条人命吗？

我们很难知道，自己在这样的情况下实际上会如何反应，不过这也完全不是重点，重点在于，在这样的情况下，我们应该怎么做。什么才是道德正确的？什么才是比较好的？至于现实中这种状况是否几乎从未出现，同样也完全不重要。借由这两个以及其他类似的案例，哲学想要找出的是：是什么东西让行为成为道德正确，什么又让行为在道德上错误？为什么这样做是好的，那样做又是坏的？这些思想实验让我们看到，我们的道德方向感怎么运作，以及，它哪里需要修正。

这些电车的例子非常出名，起先是由英国的哲学家菲利帕·富特（Philippa Foot，1920年—2010年）在20世纪60年代提出，后来由美国哲学家朱迪思·汤姆森（Judith Jarvis Thomson，1929年—）改编成许多不同的版本。直到现在都还有人在研究这些“电车问题”（trolley problems），连心理学阵营都不缺席。不久前有研究指出，如果用外语叙述案例的话，会有更多人觉得应该把那位胖子推下桥去，这大概是因为使用外语会产生一定的距离感，理性计算的思维也会被启动。然而这只是初步的假说，让我们在这里把心理学忘掉，回到这些哲学问题。

积极与消极的道德差异

在电车问题里，汤姆森特别关注的是：积极的作为与消极的不作为之间，道德上存在着怎样的差异。因为我们常常觉得，做坏事比不做好事更应该受到谴责，即便两者造成的结果相同。请想象一下：

你参加选美比赛，跟竞争者一起在舞台后方等待登台，当坐在你旁边的女孩站起来、往舞台前走去时，你看见她的衣服上染到一大块咖啡污渍。你本来可以把她叫回来，但是转念一想，这样你就少了一个竞争者，获胜的机会就更大了，所以就没说话。这种行为已经不太好了，但是再请你想象一下，这块咖啡污渍就是你偷偷倒在她的衣服上的，那这是不是又糟糕许多？是的话，为什么？

为什么动手杀死儿童，比起让儿童饿死，是更坏的事？前者我们永远不会做，但是我们天天让后者发生，所以，在杀害跟让人死亡之间，一定存在道德的差异。不过光是说“没做的事就没有罪过”是不够的，因为谁要是没有给他养的猫咪喝水，以至于猫渴死了，那他虽然没做什么，但还是有罪过。有些人甚至会说，是他造成了猫的死亡，尽管他实际上什么事也没做。积极的作为跟消极的不作为之间的差异，是很难界定的。而且为什么其中一个比另外一个更坏，也并不很清楚。

假设你预谋把兄弟淹死在游泳池里，这么一来就不用跟他均分遗产，你开车去他家，看到他正在游泳池例行性地来回游泳。可是突然间，他因为心肌梗死叫喊了起来，你只是看着兄弟在痉挛中呻吟着，然后淹死在池里。这个结果，比起你动手把他淹死，不是一样坏吗？还是只要动手，在道德上就一定会更受到谴责？事实上，法律上确实就是如此。不光是我们的直觉，刑法也在大多数的情况下，着重区分杀人与任人死亡的差别。对此，也许有一个简单的解答：杀人之所以比任人死亡更糟，是因为杀人一定也包括任人死亡。如果我把小孩推到水里并任其淹死，就等于同时犯了两个错误：推到水里及袖手旁观。但如果我看到有人把小孩推到水里让他淹死，那我只犯了一个错误——袖手旁观。尽管这也够坏了，但是比不上积极动手那么坏。

内在的道德方向盘

让我们把分辨动手与坐视不管这个棘手的问题放在一边，回来关注电车的问题。你现在会怎么决定？你会在第一个例子切换转辙器，但是在第二个例子不把那位胖子推下桥吗？大多数人认为，在第一个例子切换转辙器是正确的，尽管这样做会导致某人死亡——“死一个比死五个好”，这是他们的理由。然而你却觉得，无论如何都不应该把那位胖子推下桥，即便那样就可以拯救五条性命。为什么在第一个例子里可以“用一条人命救五条人命”，在第二个例子里却不可以“用一条人命救五条人命”？差别在哪里？两个例子都有积极的作为：第一个例子是扳动把手，第二个例子是把人推下桥，结果也一样——都是一人丧生五人获救。到底有什么不同？一个常见的回答是，“在第二个例子里，我就是直接且有意地杀人了”。确实，我是用自己的双手抓住那位胖先生，并故意把他推向死亡。我们还可以把这两个重点看得更仔细一点。

身体的接触或许是心理障碍，不过这里要问的是，接触与否，在道德判断上重要吗？引爆炸弹导致十万人死亡，比起动手一个接一个地杀死十万人，道德上有比较好吗？从心理因素的角度来说，引爆炸弹比动手杀人要简单，但是道德上可谴责的程度大概是一样的。在胖子的案例上，我们还可以把道德问题跟心理问题明明白白地分开来：我们现在假设，那位胖先生是站在一个活板门上，你可以从远处用把手让那扇门向下打开，这样一来，你在两个电车案例里的动作就完全一样了——你只要扳动把手就好。在一个例子里你让电车走上另一条轨道，导致一人丧生，在另一个例子里，你打开活板门，导致他掉下去，挡住了电车，并因此丧生。现在你会在最后的这个版本里打开活板门了吗？还是你仍然维持原来的想法，决定让五个人死亡？大多数人或许仍然会让胖先生留在桥上，看起来在转辙器与活板门的把手之间，好像还是有个重要的差别。但，那是什么呢？

一个很有潜力的答案是：切换转辙器时，我并非有意杀死那位工人，我只是接受他死亡的结果而已，但是那位胖先生却是被我故意丢到电车底下的，以便救五名工人的性命。这个回答说到了重点，不过我们必须做更仔细的观察。伦理学有“双重效应原则”，是指一个行动常常有两种效果，其中一种是我们希望达到的，另外一种则是我们希望避免的，可是得到好的效果的时候，却无法不同时接受坏的结果。关键词出现了——“附带性损害”（Kollateralschaden），例如对敌方军事要塞进行轰炸以结束战争，虽然会造成平民丧生，但也只好接受了，因为若不轰炸，剩下唯一的选择就是进行陆地的血腥战斗，而且很可能会输；也就是说，为了达成某个目标，只好接受本来并不乐见的附带性损害。转辙器的例子也是这样，为了救五名工人，只好接受另外一人死亡；然而胖子之死的例子却不一样：他的死亡并非“只好接受”。在这里，一个人被化约成一块肉，被当成仅仅是达成目标的工具，这种把人类工具化的行为，会激起我们的道德愤慨，我们内在的道德方向盘在这里有明确的指向，即便因此有五个人丧生也不行。双重效应原则在这里不适用，因为道德感要求，坏的效应不应被当成实现好结果的工具。

义务与效益的取舍

假设有名外科医生移植器官的技术非常精良，以至于器官总是能被受捐赠者的身体接受。现在正好有五名病患在等待名单上：两人迫切需要一叶肺，两人需要一枚肾脏，还有一人急需心脏，所有人都有相同的罕见血型。这时碰巧有位健康的年轻人到医院来做例行的健康检查，他正好有跟五名病患完全相同的罕见血型，所以是潜在可能的器官捐赠者。那么，这位外科医生可不可以杀掉他，把他的器官拿来拯救五个病人？当然不行！我们记得工具化的禁令——人类不可以被当成工具来加以滥用。

但是到了下面这个例子，我们又该如何判断？有个恐怖分子在柏林藏了一枚炸弹，炸弹威力足以把整个城市炸到天上，已经没有足够的时间全城疏散了，这时我们可以对恐怖分子刑讯逼供，以及时找到炸弹的埋放处吗？假设他的小女儿知道地点，而且唯一获得口供的办法就是刑讯逼迫他的小女儿，那么我们可以这么做吗？我们都知道不得刑讯的禁令，这是写在联合国的世界人权宣言及欧洲议会的欧洲人权公约里的，此外，这也明确记载在德国基本法里，不过在瑞士，刑讯并非犯罪的构成要件。这个议题有很多争论，在伦理学上也是高度争议，因为这里有两个影响深远的道德理论互相对立。我说的即是效益论与义务论。难处在于，我们对两种理论都有好感，但是在某些例子上，只有一个理论能是正确的。

效益论主张，行为的道德价值仅仅由行为的结果来衡量。简单地说，规则是这样的：如果你要知道一个行为是好还是不好，就看它的结果。实践上就是，如果一个行为能让相关人等的福祉极大化、痛苦极小化，那就去做。最大多数人的最大福祉——所以“死一个比死五个好”也就是一种效益论的论述。

义务论则不同：根据义务论，行为的道德价值不只在其结果，也在行为本身；有些行为本身就是坏的，不管能产生多少的善都一样，杀人、刑讯、偷窃都属于此类。这些行为是无条件的错误，也不能通过成本利益的计算来提升其价值，不管是在何种处境下，有些事情人就是不能做。这些道德的禁止告示板保护着我们的人类尊严，也防止我们的利益或生命因为公共利益而被牺牲。

效益论重要的代表人物是两位英格兰哲学家，边沁（Jeremy Bentham，1748年—1832年）和穆勒（John Stuart Mill，1806年—1873年），延续这个思考路线，且目前仍然在世的最著名支持者是澳洲哲学家辛格（Peter Singer，1946年—）。而位于另一端的义务论哲学家里，最重要的是康德（Kant，1724年—1804年），来自德国柯尼斯堡（Königsberg）的启蒙大师，也是声名狼藉的“定言令式”（kategorischen Imperativs）的创造者。

既然在伦理学的领域里不可能绕过康德，我们应该简短地谈一下他的理论。根据康德的想法，如果行为源自于善的意愿，也就是行为的背后有善良的企图，那么该行为就是善的。可是，怎样的企图算是善的呢？康德的答案简单到让人不可置信：如果我希望所有人都根据这个企图来行事，那么此企图就是善的。康德认为，我们的行为基本原则，他称之为“信条”（Maximen），必须是可普遍化的。我有一个行为基本原则，如果我能希望所有其他人都依照此行为行事，那么这个基本原则就是好的。为什么我们不应该把垃圾倒在街上、不应该违背做过的承诺、不应该欺骗我们的朋友？因为我们无法认真地希望所有人都这么做，这就是康德著名的定言令式。用他自己的话来说，定言令式就是“请只按照那些你愿意成为普遍法则的信条而行事”。这个要求是断然截然的，不带假设性的，无须先决条件就能成立；每一个人都应该在任何时候与任何地方依循这个要求，不论他当时有怎样的私人利益与目标。

根据康德的理论，要测验我们行事原则的道德质量，一个很好的判断准则就是，这个原则是否可以普遍化。此外，在我们对道德正确的日常理解中，就已经蕴藏了可普遍化与公正不阿的理念。只要想一下从前家里长辈常说的话就好：每当我们又做了什么糟糕的事，他们就会说：“你想想，如果每个人都这样做，那不就天下大乱了！”这就是康德的伦理学根本的理念。

但是要注意：定言令式跟那句著名的黄金守则“己所不欲，勿施于人”并不是同一回事，也不是这个守则的正面表达版本“你愿意别人怎么对待你，就请你那样对待别人”。因为针对各种利益不同的人，这守则要求的行为也不同。相反地，定言令式对每个人的要求都一样——被虐待狂依照黄金守则会变成虐待狂，但是依照定言令式他却不会改变。

康德给这个定言令式创造了好几个表述方式，除了上面提到的普遍性表述之外，还有“自身即目的表述”（Selbstzweckformel）也值得一提：“你的行事作为，无论在什么时候，不只要把你自己，也要把旁人作为人类的资格视为目的，永远不要仅仅当成是手段来使用。”简单地说就是：人不是手段。永远不要把人类当成达成目的的工具，这也包括不能把自己当工具。意思是说，不要剥削你自己，也不要让你徒自荒废。所以，根据康德的理论，我们对我们自身也负有义务。他甚至认为，我们有义务实现我们的天分与可能性，谁要是日复一日地成天坐在电视前面，那就是犯下道德的错误。这是个有趣但是引起争议的想法。你觉得呢？有什么事情是人在任何情况下都不准对自己做的？

◎ 特蕾莎修女与精神病患

请想象两个人物：一位心地善良，拥有杰出的道德性格，本性上就倾向道德正确的行为。她几乎从未思考过道德问题，但总是从本能做出正确的事。如果别人问她，为什么如此为他人奉献自己，她总是说："我无法不这么做。"在她的行为里，反映的是她善良、充满同情心的本质，她乐于为他人牺牲奉献，总是热情地关怀穷人、病人、流离失所以及被歧视的人，为此她获得了诺贝尔和平奖。让我们称呼这位女士为特蕾莎修女。

第二个人物是一名精神病患，病症是他对其他人欠缺同情心，如果有人在他面前受苦，他完全不会有感觉，他会在旁边看，没有想帮忙的冲动。然而随着时间过去，他也学会了如何处理同情心匮乏的问题，他对道德进行许多思索，理解最重要的各家理论，也知道什么是对，什么是错。此外他还给自己设置了一套严格的纪律，虽然他的心是冷的，而且他的本性并不倾向行善，但是他让自己的行为严格遵循道德的思考，他每次都重新克服自私的倾向，总是做出正确的事。此时他已经把自己的一生都奉献给在全世界消除贫穷的工作，由于贡献卓著，他也得了诺贝尔和平奖。让我们称这位先生为富有纪律的精神病患。

无论是特蕾莎修女还是富有纪律的精神病患，所做的都是道德正确的行为，从表面看来，两人几乎没有差别。不过特蕾莎修女有道德且良善的性格，所行的善事都是由衷出发，而富有纪律的精神病患却是只凭道德思索行动，内心没有同情也没有助人的渴望，他欠缺善良的性格。不过特蕾莎修女也欠缺道德的思维：她没有行事的原则，也无法为自己的决定说明理由，她就是一直行善，就像本能一样。

现在要请你回答的问题是：这两人当中谁是更好的典范？谁的人生更值得赞美？哪一个人更符合你所想象的道德理想？

这个思想游戏要追溯到亚里士多德，他在《尼各马可伦理学》一书里勾勒出了德性伦理学（Ethik der Tugenden）。在进行道德判断时，效用论首重的是行为的结果，义务论检查行为本身有没有损害任何原则，德性论则关注行为者的本人及其性格。根据亚里士多德的德性伦理学，最重要的并非我们的行为是否有好的结果，或者我们做的是不是好事，而是我们要成为美好的人——德性论的基本问题不是“我该做什么”，而是“我应该做哪一种人”。

当我们谴责或称赞他人时，着眼的常常都是他的个性与人格，比起判断他人的行为，我们更常判断他人的特性与本质。我们赞美一个人富有同情心、有勇气、宽容、诚实，以及乐于助人，批评另一个人自私自利、不顾虑旁人、吝啬、懦弱，以及不诚实。诚实的人有时也可以说谎，就像乐于助人的人有时也可以说“不”。我们评判这些人首先不是依据他的行为，而是看他们内在的优点与缺点，如果有些行为引起我们注意，是因为其中呈现了行为者的性格与人格。借由作为，我们表现出自己是怎样的人。

在富有纪律的精神病患的案例里，情况就不一样：他虽然依循道德思维而行为，但是背后并没有充满美德的人格特质，道德就他而言是理智的事，而无关情感；特蕾莎修女则完全不同：在她的德性行为中，显露的是她充满同情心的本性与善良的性格，她如果不帮助别人，自己就会寝食难安，助人对她来说，是幸福与充实的人生中不可或缺的一部分，就像睡眠与饮食一样。然而，如果她的道德直觉突然让她判断错误，或者突然完全失灵，会发生什么事呢？她还能仰赖她的道德方向感吗？这时候，智性的理解会不会是很好的支柱，能帮助她修正错误？

亚里士多德认为，对真正成功的、既善美又幸福的人生而言，性格美德与理智美德两者都不可或缺，也就是说，美好的人除了正确的性格，也要有正确的思想。富有纪律的精神病患只做到一半，因为他只是执行其理智所要求的事，尽管这也值得赞赏，但是依照亚里士多德的说法，这个人不会幸福——他无法发展他自己，他的本性只能停滞不前。不过特蕾莎修女同样不符合理想，因为她的善心仰赖着偶然性的眷顾，她善良的心性可能突然有一天就消失了，或者甚至变得与原来相反——她缺乏理智与良好理由的引导，情感随时可能犯错，也可能产生变化。换言之，如果特蕾莎修女从小在强盗集团里长大，她还会不会是这样的性情呢？

亚里士多德认为，理智应该引导我们的性情——特别是万一性情朝错误的方向发展的时候，理智也应该在具体的事态中协助我们做出判断。光是有良好的动机是不够的，我们还必须知道，在具体的状况中，那个善究竟是什么。我该多长时间去看一次我的父母？什么时候我应该允许我的小孩看电视？我应该对女友说我对她越来越没有感觉了吗？我该如何告诉一个人，这份工作不适合他？在这些例子上，我们需要非常纤细的道德神经，也就是亚里士多德说的判断力，并认为这需要经验的辅助，就像医生需要临床经验，才能在具体的情况里做出对的判断。同样地，在道德事件上，我们也需要经验与判断力，才能知道如何在具体的案例下实践道德的善。我们的性格与本性确立目标，理智则负责找出达成目标的途径与手段。

根据亚里士多德的理想，这些目标是处在两个极端之间的中点，就像美德一样：勇敢位于胆怯与冲动冒进之间，慷慨大方位于浪费与吝啬之间，友善可亲则介于谄媚与动辄争辩之间。每一项美德都是各自向度上的黄金中点，拥有黄金比例。而且这些美德都是可以训练、熟练与调整的，美德是一种态度，人人都可以通过锻炼而取得。知足、勇气、大方，以及同情心这些美德，亚里士多德认为都可以后天习得。只要反复做出正确的行为，这些正确的态度与性情就会在心里生根：胆怯会消失，挥霍无度会减少，同情心会增长。亚里士多德认为应该要有讲求快乐的教育——毕竟我们不只应该实践道德之善，也应该要为此感到快乐。

◎ 池中小孩

请想象一下，你在上班的路上经过池塘，突然间你注意到，有个幼小的孩子在池里快淹死了，除了你以外没有别人可以救他。如果你很快采取行动，进到池塘里去，你可以救起这个孩子，然而你昨天刚买的昂贵的皮鞋跟裤子就都完了，都只能丢掉，此外你还会错过重要的会议。你应该救这个小孩吗？这不是个适当的问题，当然你应该救那个小孩！为什么？因为这是在你的能力之内，而且你没有什么了不得的损失，跟一条人命比起来，损失衣服跟错过会议能算什么呢？

好，如果是这样的话，那我们大多数人都会进退两难：因为如果我们不是把钱花在那些我们并不真正需要的消费商品上，而是把这笔钱捐出去，那我们随时都可以拯救贫困儿童的性命。我们本来可以不必买那么昂贵的鞋子跟裤子，这笔钱本来是可以捐赠的。

那么，我们这些买得起奢侈品的人，是不是就像让小孩在眼前溺死而见死不救的人一样？我们有义务去帮助贫困的人，就像我们有义务把小孩从池塘中救出来一样吗？

这个知名的例子出自澳洲哲学家辛格之手。辛格是非常活跃的思想家，致力于维护动物福祉及消灭贫穷，贫穷一直属于人类世界面临的最大挑战，直到今天也仍然如此。其实我们全都早就知道那些数据：1%的人拥有将近一半的世界财富，超过40%的人活在贫穷之中，换句话说，约27亿人每日收入低于两美元，其中超过10亿人的每日生活费甚至不到一美元，这些人严重缺乏饮用水、粮食与医药，每天有25 000名儿童因贫困而死亡，每天！这些儿童其实是可以不必死的，辛格相信我们可以消灭这些贫穷，而且他还相信，我们对此负有道德义务。

让我们更仔细一点看他的论证。这个池塘的例子便是辛格论证的起点，在这里，我们每个人都会同意，我们有道德义务去拯救那个小孩的生命，即便会因此毁掉昂贵的衣服。但是只有很少数人会认为，我们因此再也不可以买昂贵的衣服，而是必须把钱捐助发展中国家的发展援助。所以，池塘边的情况跟我们的日常生活到底哪里不一样？首先，距离不同：池塘里的小孩在我们眼前溺死，但是非洲与亚洲的小孩，却死在离德国很远的地方。俗话说，“眼不见为净”，我们缺乏足够的情绪来促成行动，因为不是近在眼前，我们就没有动机。可是，距离远近在道德考虑上重要吗？距离遥远就可以充当不作为的正当理由吗？大概不行吧。因为如果我们能光靠按个按钮，或者能把手臂直接伸到非洲去拯救小孩的性命，那我们无论如何都应该这么做。

也许关键在于欠缺直接的关系？既然我们住在欧洲，我们不可能直接到非洲当地去进行救援，而是必须以财物支持其他人去救援。

不过池塘的例子也可以改一下：假设我们不会游泳，唯一救那小孩的办法，就是给救生机器人投一块铜板，然后机器人就会游过去把小孩救起来。当然，那样的话每个人都会投币的。也许你会说，问题没那么简单，许多慈善机构都会滥用捐款，天知道那些援助会不会送到非洲。但是我们也可以说，假如那台救生机器人只有50%的成功率，每两个案例里它只能救起一个小孩，你会因此就不投那个铜板吗？大概不至于吧。

还有一些地方是池中小孩与因贫穷而死的小孩的不同之处。在池塘边，你是唯一能拯救小孩的人，可是世界上另外还有成千上万的人可以捐钱。不过，这足够当成不捐钱的理由吗？假设除了你以外，池塘边还有另外三个人，但是没有人出手，这就能减少你拯救小孩的道德义务吗？能完全免除吗？

也许关键并不在于救助者的多寡，而是在于等待救援的人数？假如池塘中有三个孩童将要溺毙，而你只能救出其中一人？这个情况比较符合今天真实的状况：每天有25 000名儿童死于贫困。不过这能解除你救助的义务吗？完全不救人，会比任意救一个，但是让另外两个死去更好吗？

让我们把例子再做点变化：假设有个小孩在游泳池里正要淹死，而且他是被另外一个孩子推下去的，游泳池边有池中小孩的母亲、推人的小孩，以及“飞鱼”菲尔普斯，世界上最强的游泳选手。谁最该跳下去救人？这个例子表明的是，在救助者跟急需拯救的小孩之间，可以有哪些不同的关系：推人下水的小孩是祸首，菲尔普斯是救援能力最强的人，母亲是池中小孩社会关系上最亲近的人。谁救助的义务是最大的呢？我认为是菲尔普斯，即便这个问题不是他造成的也一样。为什么？只是因为救个人对他而言太轻松了。当然，在事情过去之后，那个把人推下水的孩子应该要接受一顿教训，好让这样的事以后不再发生。因为一般说来，最直接负有义务的人是肇事者。

每颗螺丝钉都大有可为

伦理学上有所谓消极义务与积极义务，消极义务要求我们不得给别人造成伤害，而积极义务则要求我们提供援助。在我们的观感里，伤害别人比不帮助别人更坏，所以不伤害他人的消极义务，比要帮助别人的积极义务更为重大。因此一般说来，谁要是造成伤害，谁就应该负责补偿，但是因为那个推人的孩子不会游泳，所以菲尔普斯必须下水救人。

当我们把游泳池的例子转换到世界的贫穷问题上，谁是推人的小孩，谁是池中小孩的母亲，谁是菲尔普斯，这些问题一点都不容易回答。问题的脉络太过复杂，实证的数据不够清晰也充满争议。尽管如此，这三组区分或许可以让我们看清楚责任范围的问题：肇事者可以是进行剥削的跨国企业、腐败的独裁者，或那些维护不公平贸易关系的机构；救援能力最强的或许是联合国教科文组织（UNESCO）、世界银行或者红十字会；关系最亲近的则是贫困儿童的家庭、村落社群或者当地国家。

辛格强调我们有救援的义务，他标举的口号是“有能力的，就该救人”。相对地，在耶鲁大学任教的德国哲学家博格（Thomas Pogge，1953年—）要求的是，我们有义务不要造成伤害，以及，有义务将造成的伤害加以弥补。博格相信，我们全都参与制造了全球的贫穷问题，所以我们负有弥补损害的义务。根据博格的理念，我们根本不应该跟腐败与极权的政府进行交易，因为这些政府剥削他们的人民，从向西方国家出口原物料赚取利润，再用进口的武器维持政权，博格认为这形同窝赃[①]。此外，豪奢的掌权者还可以把个人的负债变成国家债务，也可以以国家之名不断举债花用。这种游戏规则是不公平的，我们却参与这种游戏，我们提供武器，提供贷款，并向他们购买原物料。

对此英国哲学家米勒（David Miller，1942年—）提出反驳：他认为要负主要责任的不是全球秩序，而是个别国家与他们的专制暴君，因为并非所有国家都受到现行秩序的损害，有些国家在克服贫困问题

---

① 窝赃（Hehlerei）指藏匿或收买他人不法取得的财物，以获取自己的利益。这里的意思大概是，独裁政权剥削人民取得的原物料是不法财物，所以西方国家购买这些原物料就是窝赃。——译者注

上能够摆出很出色的成果；在一条路况很差的路上，如果发生个别的意外，负首要责任的还是汽车司机，而不是建设局。

在今天这个由全球网络联结起来世界里，各种关系脉络变得几乎再也看不清楚。在每个购物决定中，我们都对这些关系造成极小的影响——我们支持了一些人，忽略了另一些人。此外，作为生活在民主政体里的人，我们可以参与决定明天的全球游戏规则该是什么模样，可惜我们能转的那颗螺丝钉却是极其微小，就像一小滴冷水落在滚烫的石头上。然而，像辛格或博格这样的哲学家说明了一点：只要你相信石头的温度会随着每滴冷水降低一点点，我们就还是大有可为。

◎ 吃人肉的外星人

请想象一下，有外星人降落在我们这颗行星上，他们有极高的智慧，在身体、认知与科技能力上都远远高于我们。他们把我们关起来，奴役我们，把我们用于医学研究，用我们的皮肤生产皮革商品。此外他们还把我们当成美味的食物，特别是我们的小孩，因为小孩的肉特别嫩。这些外星人认为这种残忍的行为是正当的，理由是："我们的智慧比人类高太多了，站在更高的发展阶段上。这些低等的生物并不享有跟我们一样的尊严，他们的意识非常原始，就跟他们的沟通方式一样简陋。他们的生命并不跟我们有同等的价值。"

这些外星人觉得自己在道德上是优越的，他们对待人类的方式，就像我们对待动物一样：把我们关在笼子里，进行饲养与繁殖，并且屠宰我们年幼的小孩。

这些外星人怎么能说他们的行为是正当的？

这个思想游戏出自德国的明星哲学家普雷希特（Richard David Precht，1964年—）的畅销书《我是谁？》（Wer bin ich-und wenn ja，wie viele？2012年）。"我们可不可以吃动物"（如果可以的话，可以吃多少？）这个问题正受到德国大众的热烈讨论，也是许多伦理学家优先考虑的研究项目。在欧洲，越来越多人不再吃肉，而且严格素食主义者的人数也在成长，与一般素食者不同的是，他们不只不吃肉，而且拒绝一切动物性的产品，包括牛奶、蛋、蜂蜜、皮革制品以及羽绒产品，他们还拒绝使用经过动物实验而生产的化妆品。不过，他们的理由是什么？他们的论述有道理吗？还是这仅仅是天真的淑世者的一股暂时的热潮？

在进入动物伦理的争论之前，我们应该先弄清楚一些数据。每年在德国有7.5亿头动物被屠宰，德国人平均一年消费60千克肉品，等于每个人一生吃下1100头动物，这个惊人的肉品消费也对环境造成极大的影响：生产1千克牛肉会消耗15 000多升的水、16千克的谷类饲料，毁灭50平方千米的原始雨林，所产生的温室气体比汽车开250千米还多。这也意味着：全世界的牲畜饲养所制造的温室气体，远远超过全世界运输业的总和。

这些数据所传达的讯息是一清二楚的。然而气候与环境并不是唯一用来反对吃肉的理由，在哲学界，动物伦理的考虑更是讨论的核心，比如：我们是否真的有权力把动物关起来、饲养、繁殖并宰杀？为什么我们用跟对待人类完全不一样的方式来对待动物？

杀人和杀动物的差异

首先，引人注意的是，我们与动物的关系非常矛盾：我们爱护家里的宠物，但却屠宰食用的动物；我们大多数人都吃牛羊，但是不吃马跟狗，兔子我们也吃，但是不吃天竺鼠。这纯粹是随机的吗？据说在中国，没有什么动物是不能吃的。那么怎么做才是对的？哪些动物可以给人吃？究竟我们有没有权力随意食用动物？

首先，我们要注意到：我们人类也是动物。当我们说“动物”时，意思通常都是“人以外的动物”，比如狗、猪与黑猩猩。还有一点很明显的是：我们对待动物跟对待人类不一样，我们对动物做的事，是永远不会对人做的。我们把它们关起来，进行剥削，把它们的小孩夺走，在它们身上做实验，杀害它们，把它们吃掉或者放到动物园里展示。我们是不是多少应该说明，用如此不同的方式对待动物是合理的。但是如何说明呢？应该有某种东西把人类与动物区分开来，比如一种特性是所有人类都具有、所有动物都缺少的。再者，此特性必须在道德上有意义，因为并非所有特性都具有道德意涵，猪有四只脚及一条卷尾巴，但那并不能构成我们屠杀他们的正当理由。人与人之间也有许多明显的差异，比如肤色与性别，是无关道德的。虽然从前人们相信这些差异在伦理上是重要的，因而黑人遭到奴役、女性受到压迫，但是人们后来认识到这是不对的。也许今天我们又来到这样一个点上，应该要学到教训，并彻底改变我们的行为？还是真的有什么好理由，能允许我们用比对待他人更坏的方式来对待动物？人类相对于动物的关键差别究竟在哪里？为什么杀动物是允许的，杀人却不允许？

答案一：我们一直都是这样做的。反对：奴役黑人与反对妇女投票权的人也这么说——悠久的传统并不是好理由。

答案二：人类需要肉食。反对：这并不正确，人不是非吃肉不可。世界最大的独立营养组织美国营养和饮食学会（Academy of Nutrition and Dietetics）认为，均衡且纯植物性的饮食是健康的，且适合人类的各个成长阶段。不过如果是在没有超市的地方，比如在阿拉斯加或在吉尔吉斯高地，那么情况就会很不一样——然而对我们当中的大多数人来说，就算不吃肉也能过得很好。

答案三：肉很好吃。反对：《沉默的羔羊》（The Silence of the Lambs，1991年）电影中吃人肉的汉尼拔也觉得很好吃，强暴犯在强暴妇女时也感到快感。但是这种快感应该要有界线：不能漠视其他人的基本利益——动物也有利益，特别是继续活下去的利益。

答案四：动物的智慧低于人类，不像人类有自我意识，它们也没有道德意识，不会规划自己的生活。反对：有些人同样缺乏这些特质，我们可以想到婴儿、严重智能障碍的人或失智症患者。我们并不会屠杀这些人，尽管他们的智能比某些动物的还低。为什么不呢？因为他们有感觉，因为他们能够感受到痛苦与快乐，也有自己的利益——但是这些动物也同样都有。19世纪初时，哲学家边沁认为，关键不在于动物能否思考，而在于它们会不会感受痛苦。边沁甚至相信："终有一天，人类会对所有能够呼吸的生命加以保护。"我们距离这一天显然还相当遥远。

答案五：如果以适合物种的方式饲养动物，我们就可以用麻醉药无痛地杀死它们，这样一来，没有动物会感受痛苦。反对：那为什么不能对人类这么做？因为这样做违反人类尊严吗？但什么是人类尊严？人类有权利决定自己要过什么生活。人类有基本权利，比如生命权、身体不受损害之权或自由权。而这些人类基本权利的基础是什么呢？是我们的利益：我们人类想要不受损害且自由地生活，但是动物也想要这些。所以我们为什么不准动物享有这些权利？只因为他们不是人类吗？谁要是持这种立场，就掉到物种主义（Speziesismus）的陷阱里。物种主义者相信，人仅仅因为属于人类这个物种，就享有特定的权利，不论他这个人的特质为何，唯一重要的是：我们是人类。种族主义者的论述与此十分相似，差别只在于他们看重的不是人类的物种属性，而是肤色。但是这并没有说明为什么属于人类这一事实在道德上有意义——如果把物种属性视为道德判准，那不是跟用肤色判断优劣一样的任意吗？

最后，让我们再回到外星人的思想实验里。外星人统治了全世界，把我们人类关起来，当成奴隶，从女人手中夺走小孩与母奶，让我们繁殖并且食用我们。尽管外星人听到我们的喊叫，但是并不理会我们的谴责，因为他们不懂我们的语言，他们在身体结构与科技水平上都远远超过我们，并无情地利用这种优势，毫无道德顾虑。因为从他们的观点看来，我们这些可悲的地球人没有严格意义下的尊严，因为我们最多只能预先思考50年的事，对我们自己仅拥有肤浅的意识，对于宇宙生物更高等的快乐没有微乎其微的体会。

我们常使用与此类似的论证，来说明我们对动物残酷的对待方式是合理的。然而这个思想实验让我们清楚看到，这种论述或许是站不住脚的，我们才稍微转换一下视角，这种辩护就丧失可信度与力量了。道德思维应该是公正不偏的，这点我们最晚从康德的时代起就知道了，我们自己的视角与利益不可以被特别优待。但是公正不偏的思维可以用视角转换来练习——只要把自己置于他人的处境就可以。这个外星人的思想实验尝试的就是这件事，突然间我们处在动物的处境里，并因此注意到我们日复一日都对动物做了些什么。这类视角转换的思维让我们对他人的利益有更大的体会，而一切理性的道德，恰恰就建立在这种能换位思考的能力上。

◎ 背上的小提琴家

请想象一下，有天你一觉醒来，想要下床，却发现没办法，因为背上黏了另一个人，他是世界上最棒的小提琴家。怎么会发生这种事？是这样的：这名小提琴家得了严重的肾病，消息传出之后，全世界的音乐爱好者决定，要不计一切代价让小提琴家活下去。不巧你是世界上唯一与他血型相同的人，所以你遭到绑架，被麻醉，接受了手术，于是小提琴家的血液循环系统被接到你的身上来，现在小提琴家血液中的有害物质就由你健康的肾脏负责清除。

“这怎么可以！”你气坏了，然而医院的院长希望你安静下来。他说：“那些爱乐人士对你所做的事情，让我们深感抱歉。我们对此并不知情。可是如果我们动手术把小提琴家从你身上移走，他就必死无疑——这件事我们不能做。每个人都有生命权。你当然也有权利决定与自己的身体相关的事，但是小提琴家的生命权是更重大的，因此我们不能把他从你身上分开。不过你也不必绝望，因为整件事情不到九个月就会结束，到时候小提琴家的身体将会恢复，就可以安全地从你身上分开了。”

你会怎么反应？院长的理由能让你信服吗？如果他说的不是九个月，而是九年的话，你又将如何反应？或者，如果条件改成你的肾脏将如此受到这项手术的拖累，以至于如果下个月小提琴家还连在你身上的话，你将要死去？

这个思想实验来自美国哲学家汤姆森。案例的重点既不是音乐的价值，也不在于在拯救重要人士的时候，什么事可以做、什么事不可以做。她要谈的议题是堕胎。这个问题更准确地说，是“如果是非意愿下的怀孕，可不可以堕胎？”所以小提琴家对应的是肚子里你不想要的小孩，而你就是怀孕的妇女，在九个多月的时间里，小提琴家无法脱离你而存活，就像在肚子里逐渐成长的胎儿那样。这是她的模拟所在。

非意愿的怀孕并不罕见，你只要想想避孕措施失灵或者强暴的情况就能理解。汤姆森的思想实验只指涉非意愿的怀孕，她回避了胚胎道德地位的所有争论；在堕胎的争议里，最常见到的讨论就是，胚胎根本上是否具有生命权，有的话又是从什么时候起。许多人会用人格的概念来论述生命权，并主张只有具有人格地位的才拥有生命权，于是关键的问题就变成：胚胎算不算具有人格。在更进一步讨论这个思想实验之前，我们应该看看反堕胎者最重要的论述是什么，他们基本上提出三种理由来主张尚未出生的生命应予保护：连续性论证、身份同一论证，以及潜在可能性论证。

连续性论证主张，从受精卵开始一直到新生儿，胚胎整个发展过程是连续的，没有清楚的断裂或跳跃，划出任何界线都是任意的，因此受精卵就已经拥有生命权，就像新生儿一样。然而这个论证是有缺陷的，白天与黑夜之间同样没有明显的界线，然而我们还是可以区分白天与黑夜，晚霞的余晖既没有清楚的开始，也没有清楚的结束，但是时候一到，夜空就一定是黑的。受精卵不会感受疼痛也没有利益可言，但是新生儿则有，不知道在什么时候起，胚胎一定开始能感受疼痛。生物学认为，感受能力的基础是神经系统，与感觉相关的脑部组织是从怀孕第12周开始发展的，因此我们一般把怀孕的第12周设为界线。

身份同一论证主张，受精卵与新生儿是同一人，因此享受与新生儿相同的权利；潜在可能性论证则主张，胚胎之所以有生命权，是因为胚胎在可预见的将来会变成人类，胚胎有发展为人类的潜能，因此不允许杀死胚胎。反对者则称：同一件事物在不同的时间点上，也可以有不同的权利；同一个人在小孩时没有投票权，但是成年后则可以。同样的反驳也适用于潜在可能论证，因为即使某物在将来会享有特定权利，也并不代表它现在就享有那些权利。不然的话，王子在孩童时期就能拥有之后他成为国王时所拥有的权利，既然他日后总有一天会当上国王，那小王子现在就可以发号施令、领导国家了。然而，这当然是荒谬的——权利的享有要基于事实，而非基于潜在的可能性之上。

在简短描绘过支持与反对胚胎生命权最重要的论证之后，我们终于可以来关心小提琴家的思想实验，汤姆森希望用她的模拟指出，即便未出生的小孩享有生命权，也还是有充足的理由支持堕胎。小提琴家是成年人，当然享有生命权，即便他是被缝在你的身体上、他的存活依赖于你，然而他的生命权与你身体不受损害的权利相抵触。所以问题就成了，哪一种权利位阶更高？对汤姆森来说，事情很明白：爱乐人士使用极端的方式侵害了你的身体，这是不行的。汤姆森说，每个人都有权利把小提琴家从身上切开，这相当于正当防卫——人总是拥有正当防卫的权利。你怎么看呢？你会认为，我们无论如何都不应该把小提琴家从身体上割掉吗？如果你这样认为的话，那假设他不是九个月，而是需要九年，都要依附在你的身体上呢？这样你也还是认为我们不应该杀死他吗？又如果你的健康与性命会受到小提琴家的危害，你唯一存活的机会就是把他割掉——这样的话你又会如何判断呢？汤姆森用这个案例挑战那些反堕胎人士：后者认为，哪怕是怀孕本身会危及母亲的性命，也还是不可以堕胎；对他们来说，比起消极地让母亲死亡，积极杀死胎儿在道德上更值得谴责。这些极端反堕胎者的理论，是建立在积极作为与消极不作为的区分之上。可是，正如同我们在本章开头看过的，积极杀害与消极坐视让人死亡的这一组区别，在道德上是否有其意义，还是很难说的，至少并不是在一切例子上都能成立。

美与艺术

假设博物馆里每一幅画都是相同的红色画布，只有画名和简介不同，策展人说每幅画想传达的意念也有所不同，你可以要求退钱吗？

德波顿／对象体现了人类的性格特质
席勒／美是自由与自主的具象化
西布利／拥有一定的美感经验，才能正确做出美感判断
丹托／艺术家用作品提出说法
贝尔／形式才能构成艺术品
体制理论／艺术之所以为艺术，在于艺术界视其为艺术

美对我们很重要。

女人上整形医院让医生抽除“问题区”的脂肪，或者去健身房踩脚踏车，打肉毒杆菌或买化妆品，去隆胸或买魔术胸罩。男人在健身器材上锻炼肌肉、染发以及刮除私密部位的毛发。我们在美容院的杂志上，读着最热门的美容小秘诀，在最新的时尚潮流里寻找灵感，或者计划下次要去哪里度假——哪里都好，重点那里要是个美丽的地方。度假回来以后，我们又用修图软件把照片弄得更漂亮些——我们在任何可能之处都寻求着美。

然而这种对美的偏好也可能是某些人的灾难。统计数字显示，长得比较不好看的人，在学校里拿的分数较低、职场上较晚升迁，而且收入可能比他人低达10%；长得漂亮的人则享有优待，被认为是健康、聪明、有进取心而且亲切的。我们由外观推及内在，从外观论断人的性格，这并不公平。有人把这种对外观的歧视拿来跟种族主义（Rassismus）或性别歧视论（Sexismus）相比较，认为这是“外观至上”（Lookism）的行为，由英文的 look 所衍生出来。这便是美的黑暗面。

不过，人的美丑是建立在什么基础之上？什么时候我们会说一个人漂亮？过去几年里，针对漂亮的五官而进行的实证研究指出，人脸之美，有三个决定性的因素：接近平均值、性别鲜明度以及纯净的皮肤。一张脸越接近平均值，我们就越觉得好看，如果用计算机把许多张脸重叠起来，并让它们彼此近似，那么我们会觉得这张由计算机生成的混合脸，比原先的那些脸都好看。此外，突出的女性或男性特质也会引起好感。在女性这边，我们喜欢柔和的脸形、小鼻子、大眼睛和丰唇，都让人联想到幼小的孩童。男性的话，我们喜欢鲜明的颧骨、大鼻子与宽阔的下巴。最后是纯净的皮肤，这点或许人尽皆知，美容产品的制造商早已把此发展成庞大的市场。

自古以来，美一直让哲学家百思不解：为什么我们会觉得有些事物是美的？美究竟是什么？美完全存在于观察者的眼睛里吗？还是有客观的美之法则？美丽的风景、美丽的脸孔和美丽的艺术品所共有的是什么？这些问题便是美学（philosophische Ästhetik）研究的对象，不过这门学问不只关注美，也研究艺术。而艺术，如我们所知的那样，不必然都是美的，艺术也可以吓人、让人排斥或者激怒人，在艺术的领域里，也存在有趣的哲学问题：究竟怎样才算是艺术品？艺术品跟一般物品如何分别？艺术的功能是什么？是要让我们感到幸福、鼓励我们、挑衅我们，或是提升我们的感受性吗？究竟怎样才算了解一件艺术品，不管是对于一幅画还是一首音乐来说？

美学不只研究艺术与美，也探讨一般日常的、既不是艺术品也算不上“美”的对象，比如汽车引擎的轰隆声、丑陋的衣服、过度装饰的室内装潢、幼稚的发型或者好笑的字体。我们从美学的视角观察最寻常的事物，并且问自己：“我喜欢这个东西吗？喜欢什么地方？理由是？”谁要是问了这些问题，马上就会注意到，用文字来掌握自己的美学观感是多么困难，我们常常说不上来，喜欢一件衣服是喜欢它什么地方，或者问题出在哪里。我们可以很快就做出判断，但是并不明白原因何在。

本章的目的，是要鼓励大家常常问自己这些问题，下一次当你的目光停留在美丽的面容、优雅的衣服或者如画的风景上，你应该问自己：究竟为什么我觉得好看？是好看在什么地方？法国文学家司汤达（Stendhal，1783年—1842年）认为：“美是幸福的承诺。”那你也可以问问自己：这片美丽的景象中包含了什么承诺？为什么这种美会让我如此入迷？

美学是哲学里最有趣的领域，因为我们观看事物的方式会随之改变，仿佛世界突然之间变得不一样了。我希望，这一章能让你相信，确实如此。所以请你最后一次再好好看看四周。

因为这章读完后，一切都将改变。

◎ 无生命的朋友

请想象一下，假设上图这些字母都是人，就像你跟我一样的人。

你想跟当中哪一位交朋友？哪一个喜欢听古典音乐？哪一个有着火爆脾气，哪一个冷静，哪一个严厉，哪一个又是轻松愉快？他们从事哪些职业？里面有银行家、女文学家、小丑吗？哪一个字母是最幸福的？

这个思想游戏出自德波顿（Alain de Botton，1969年—），是现居于伦敦的瑞士哲学家，他认为对象体现了人类的性格特质。不过这种想法并不是由他首创的，早在古希腊，我们就看到了这种想法，认为美与善之间有紧密的联系。希腊人有一个词就叫“美善”（Kalokagathia），指涉人在德性与外观上的出众，这个字是由希腊文“美与善”（kalos kai agathos）所得来的。在康德那里我们看到一种想法，认为美是“德性善的象征”，当德波顿宣称美丽的物品蕴藏着我们的生活理想时，他也站在这个思想传统里。他在《幸福的建筑》（The Architecture of Happiness，2007年）一书中主张，我们对美的感受以及对美好生活的想象，是交织在一起的，而且我们的美感偏好会反映出我们的生活理想。“我们觉得美的事物，”德波顿写道，“不过是我们所爱之人的另一种版本。”

物品体现价值

不管是小说、画作、音乐、电影、建筑、汽车还是皮夹克，都是如此：我们喜欢的东西，就像我们喜爱的人。这本小说层次丰富，那幅画造成强烈的印象，这段音乐让人忧郁，这部电影含意深远，这栋建筑给人低调朴素的感觉，那件皮夹克散发出强硬的气息……物品之所以合我们的意，是因为它所体现出的性格特征与情绪状态，是我们觉得值得追求的，或是我们乐于在他人身上看到的。这些特质包括轻松、朴素、诚恳、富于感情、无忧无虑、不散乱、淡泊、开朗、狂野、勇敢、充满能量等。

你能在所有的客观事物上发现人类的特质：不只在你用的餐具、咖啡杯、热水壶、台灯、沙发、桌子、衣服、手机、房屋跟汽车里，也包括在树木、花卉与风景中。你只要问问自己，这些事物如果是一个人，那大概会长成什么模样，他有哪些偏好跟性格特征，他过着的是什么样的生活。如此你常常会发现，你为什么会喜欢某件物品，或者为什么你会觉得它很难看。好好练习一下这种拟人化的艺术，你将会用另外一种眼光看待世界，也将探寻到美感之谜的线索。

设计师当然非常了解这一点：他们试着给各式各样的消费商品添上其所象征的价值。当你去购物，你买的不只是对象的物质本身，同时也总是能买到相应的生活风格与一小块自我认同；你购买了新家具的同时，也给自己添了个全新但没有生命的朋友，也许由此也会产生出家的感觉。

物品体现价值，这种想法也引起德国诗人与哲学家席勒（Friedrich Schiller，1759年—1805年）的关注：他认为，美是自由与自主的具象化。让我们观察一下下图的两种线条：

席勒认为，我们一般会觉得圆滑的那条比较漂亮，因为它给人有生命的、自由的及自主决定的印象，像是由自由开展的动作所产生的结果，仿佛那线条行进时所依循的法则，也是它自己给予的。但是那条充满锯齿与尖角的线条，则像是由外力决定、受到外在力量影响的，线条方向的转变是突然的、无理的，以及随机的。这一点，如果我们用目光顺着两条线各走一次，也能感受得到：圆滑的线条让人觉得自由、无拘无束，锯齿的线条则让我们觉得紧张，强迫我们在任意一点上改变方向。根据德国心理学家利普斯（Theodor Lipps，1851年—1914年）的移情理论（Einfühlungstheorie），当我们能不受拘束且自由地代入一个形象或一种运动，就会喜欢上那样的形象或运动。例如我们观赏女舞者跳舞的同时，内心同时也在翩翩起舞，如果我们在这种移入的过程中觉得自由，就会称这舞蹈“美丽”。所以，依照席勒与利普斯的理论——美是感官所感知的自由。

席勒把美学跟伦理学两相联结，认为“通过美，我们才走向自由”，只有艺术才能召唤人的整体，并且以游戏的方式让他变得更好。借由对美的注视，人类学习到对善的喜爱，也学习到如何让性情与道德的义务彼此和谐。而不愿意这么做，席勒认为，这才是法国大革命失败的原因：他们在理智上也许愿意，但是在情感上却不这么做；他们缺少美学的教育，来让他们的理智与情感互相配合，并唤起对义务的爱好。

美作为善的象征符号，这种想法降服了不少哲学家。然而许多人认为，把美学上的优点归结到伦理的价值，是不恰当的；美是独立的价值，跟真、善或神圣并无关联。但是，那为什么我们会觉得特定事物是美的，其他事物是丑的？这种对美的感受力又是从何而来？

演化理论无法解释个体差异

演化生物学认为，我们之所以对美有感受，原因非常古老，要回到人类物种兴起的历史里才能找到：对我们的先祖而言，美感能提升他存活的机会。支持这种理论的证据是，有些东西是所有人类都觉得美的，不论地区或生活方式为何，比如有些风景会让所有人都喜欢，不管他属于什么文化或是他多大年纪。这里说的是类似大草原的风景，一目了然，只有稀疏的植被与水域。这一点指出，我们对这类风景的审美偏好是在非洲大草原上产生的，最早出现在700万年前游牧形态的猎人与采集者的身上。这个理论主张，这些人之所以能够存活下来，是因为他们觉得这种美丽的地方是适合生存的——一眼就可以看清危险，也提供保护、水、食物与捕猎的机会。于是，那些喜欢沙漠的族群则灭亡了。

所有人都喜欢年轻与对称的身体结构，演化心理学家还认为，这一点也可如是解释：身体的不对称指向疾病、残障及不善于生存斗争，而性伴侣若是年纪太大也会影响生育。所以，喜爱不对称、年老身体的那些人，就无法把他们的基因传下来，于是这种美感偏好也跟随着其基因一起灭绝。

演化理论家不只尝试解开自然与人类之美的谜团，他们也想解释我们为什么会受到艺术品的吸引。他们的论点是：艺术家拥有良好的基因。他们有耐性、活力、能合作、聪明、富创造力，还有闲暇。那些喜爱艺术品、与艺术家上床的祖先，因此确保了其后代生存的机会，他们的基因也就此传了下来。对艺术的爱好以这样的方式在演化中获得成功。

这些演化理论的解释让许多人感到着迷，也很难予以驳斥，不过却也几乎无法证明。此外，演化理论也有其极限：这个理论只能解释人与人之间的共同之处，不能解释个体差异；然而，若是说到品味，差异远远大过共同点。你只要看看20世纪80年代的时尚流行就好了，我们的美感更大程度受到环境、习惯与文化的塑造；到了这里，生物学就必须退下，是时候让社会学出来说说话了。不过即便是在同一个社会里，也有各式各样的美感偏好，有人喜欢朴素与严谨，有人喜欢繁复与风趣，有些人偏好完美与平滑的线条，有些人则偏好断裂与破碎。这些人的差异是从哪里来的呢？这跟我们各不相同的生活理想是不是有所关联？

为了找出此问题的答案，我们必须与自己对话，也与其他人对话。我们要问：为什么我喜欢这个？哪里让我觉得喜欢？严谨跟清楚的形状吸引我之处何在？为什么我偏好木头而不是钢材？为什么未完成的、破碎的与深渊的意象如此强烈地吸引我？轻巧的笔触让我着迷之处何在？我对和谐、均衡的颜色层次的偏好，究竟是打哪儿来的？为什么我特别喜欢悲伤的音乐？也许从这类问题里，我们不只能多了解一点我们的品味，也更认识到我们的性格、渴望，以及我们对成功人生的愿景。

◎ 没有感情的音乐

请想象一下，你的音乐听觉有所缺损，你患有音乐情感失读症：虽然你能听到个别的音符、音高、旋律、乐器种类，以及节奏变化，但是音乐对你不表露任何情感。你听不出乐曲是否悲伤、危急或欢乐，尽管你本人有情感，也能在其他人身上辨识情感，但是音乐在你耳中就是缺乏一切情绪。你是情绪上的听障。

然而随着时间过去，你学到如何在这种听觉障碍下聆听音乐，你给自己设定了几个基本原则，让自己在大多数情况下都能够判断曲子是悲伤还是欢乐。当曲子较为缓慢，且为小调时，就有很高的概率会是悲伤的；但如果曲子带有很多短音符、跳跃与上升旋律的大调，那你就会判断那是欢乐的曲目。

现在你第一次听贝多芬的月光奏鸣曲，更准确地说，你首度听到该曲的第一个乐句。一开始你就明白，这一定是首既忧郁又悲伤的曲子，因为节奏缓慢，又是小调。这时有位全聋的先生问你："这首曲子怎么样？是悲伤还是欢乐的？"你回答他："月光奏鸣曲是悲伤的乐曲。"

不过，这句话算是美感判断吗？需要什么条件，才能做出适当的美感判断？

一个与此类似的思想游戏，出自20世纪的英国哲学家西布利（Frank Sibley，1923年—1996年），美学问题是他主要的研究领域。西布利的观点是，比如"优美""柔和""高雅""充满张力""阴沉"以及"忧郁"等美感概念，无法被归结到"三角形""粉彩色"

或“缓慢”等非美感的概念上。我们无法用判断准则来推算对象具有怎样的美感性质。衣服是庸俗的还是高雅的，有时取决于最小的细节，而且有时候也要看搭配，比如说，穿哪双鞋子来配这套衣服也是重要的一环，不同的鞋子会让这件衣服产生不同的气质。

西布利认为，我们通过美感概念与判断来表达我们的美感经验，而人需要一定的敏感度，才能正确使用美感概念，西布利称这种敏感度为“品味”。所以如果你患有音乐情绪失读症，你便一点都无法理解，一首曲子听起来“很悲伤”是什么意思，就像只能看到黑白两色的人，便无法理解“蓝色”与“黄色”代表什么。人要能理解这类的感觉概念，首先必须具有类似的感觉经验；美感概念也是如此，要能理解与做出美感判断，必须具备相应的经验与感觉印象，就好比你说“这部新的007电影很烂，但是我还没有看过”，这就毫无意义，因为没有美感经验就没有美感判断。不过，究竟什么是美感经验？

几乎在任何地方都能获得美感经验，不光是在博物馆或美丽的大自然里，我们能从审美的角度来观看任何对象：家中的陈设、餐具，邻居的汽车、发型，动物园里的狮子，天上的云朵或者高速公路旁的核能发电厂。当我们采取审美的心态来面对这些对象时，我们是为了观看而观察，并不带有实用或理论的兴趣，唯一重要的是体验。我们抬头看云，并不是为了判断是否快要下雨、我们是不是该带把雨伞出门，而是沉浸在光线、阴影与浮云飘动的游戏中。我们并不关心对象实际上具备的性质，只在乎对象如何对我们显现。一支舞蹈可能看起来轻松又轻快，但对舞者来说可能是极其费力的。再者，对象是否发挥其功能，对审美观察来说也是不重要的——一张站都站不稳的椅子也可以是极其美丽的。对此康德曾经指出，要做出美感判断，需要一定程度地摆脱所有既定立场，我们之所以喜欢一朵玫瑰，往往是因为那是爱人送的，或者我们觉得一个人很迷人，只是因为我们很想与她交往。那么根据康德的理论，这就不是“无利害关系的喜爱”；康德认为，所谓美，是当此对象引发了“无利害关系的喜爱”。

当我们以审美角度观察事物，我们注意的是其美感属性，这些属性或性质可以增减事物的审美价值，丑陋、臃肿、失衡或不纯粹也都是美感属性，跟优美、光亮、细致、轻松、愉快、深刻或幽默一样。一般说来，美感属性本身并没有好或坏，其价值是由不同的对象及不同的脉络所决定的，所以，同样一种美感性质如朴素、强劲、高雅或复杂等，不只可以提升，也可能减损事物的审美价值。例如高雅或许能为晚礼服增添风味，但却不能让嬉哈牛仔裤更酷，换言之，同样的美感属性并不适用于一切场合。就连美本身也是如此，AC/DC[①]的演唱会就不应该用美形容，“美”这个词多少带点和谐与纯净的意味，但有些人喜欢的是粗犷与暗黑的风格。

① 澳洲著名摇滚乐团，乐风结合硬摇滚与重金属。——译者注

我们自身的美感经验常常跟其他人或其他文化的美感经验不同，同样一种发型看起来是中规中矩还是风情万种，都看观看者是在哪种文化背景里长大，爵士乐听起来是否会令人烦躁与混乱，取决于聆听者是否常听这种音乐，我们都戴着自身文化的眼镜观看世界，同样地，我们听的一切音乐，也都通过文化过滤器传进我们的耳朵。不过，也有美感质量是全人类都能感知的，不论他身属哪一个文化，即便是从未听过西方音乐的原始部落民族，也能够（在学者研究的框架下）用相应的表情来响应欢乐、悲伤与带有威胁性的乐曲。至于音体系[①]，在不同文化间就有显著的差异，有些阿拉伯式的音阶听在我们的耳里非常不和谐，因为我们对那些音程一点都不熟悉。我们的耳朵在长年的习惯中，已经取得了特定的模式，如果模式被打破，我们就会觉得音乐不对劲——音乐理想是被习惯创造出来的。

专业与业余的区别

不过，在艺术中到底有没有对与错？审美判断能不能用理由说明？哲学对这些问题并没有一致的答案。实在论[②]论者认为，美感性质是客观属性，就像颜色是客观属性一样，正如同有人是色盲，同样也

---

① 音体系（Tonsystem），可简言为音律与音调的制度，为西方音乐学中的概念，最早中译为“乐制”，现多中译为“音体系”。——译者注

② 实在论（Realismus），为一种哲学立场，认为在人类所能感知的现象背后，有真实的存在。——译者注

有些人不具备必要的感受力来审美。另一方面，主观主义①者相信，美存在于观看者的眼里，而且我们的审美判断没有真假可言，另外还有难以计数的中间立场。不过大多数哲学家都同意，审美判断不能用论证来支持或推翻。

你无法援引任何普世原则，来判断图画是美还是丑，如果你觉得一幅画美，你的朋友却不觉得，那你只有一种办法：必须让他用与你完全相同的方式去看那幅画。向他指出画中的细节与脉络，带给他全新的观看方式！对他指出那幅画让你赞赏之处：活泼的笔触、柔和的颜色、精湛的光影游戏，以及图像的匀称。你有可能就此给朋友开启了另一种观赏方式，并让他信服于你的审美判断，然而也有可能他早就也观察到了这些，但还是不喜欢这幅画。这种情况在专家之间也屡见不鲜，所谓的内行人常常做出彼此出入的判断，不过我们并不能断言有哪位专家一定是错的，观看绘画本来就没有一定的方式，艺术里几乎不存在唯一正确的诠释。

审美跟其他领域一样，专家与外行人的区别是常态，而且一般来说，专家比较有道理，他们做出的判断比较有用，因为他们的感官经过知识与经验的训练，他们的感受比外行人更为丰富与多样化。建

---

① 主观主义（Subjektivismus），为一种哲学立场，认为不存在客观知识，一切认知与感觉都是由人类主观意识创造的产物。——译者注

筑师在城市漫步中，比外行人看到的东西要多得多，同样地，古典音乐专家在演奏厅里能听到的，远远不是古典音乐乐盲能够比较的。专家会听到变奏、影射、重复、大小七和弦，以及其他更多东西，这些都是外行人听不出来的。体育也是这样：如果你偶尔打打网球，那么在看比赛时，你就能看到发球、反手拍、削球、截击空中球与杀球，但是对网球一窍不通的人，就只会看到网球被打来打去。网球专家的判断比外行人的更有价值，因为他懂得更多，也看到更多。艺术也不例外。

但是这并不表示艺术有客观真实的领域，而且是只有专家才能碰触到的，外行人也不是永远无法企及，实际上并不存在所谓的"颠扑不破的审美事实"。我们之中虽然可能会弄错某个对象的审美性质，但是不可能所有人都同时弄错，如果有件衣服所有人都觉得它丑，那它就几乎不可能是美的，就像笑话如果没人觉得好笑，就不太可能会是个笑话。笑话之所以好笑，是因为我们觉得它好笑。同样的说法也适用于悲伤的音乐：大调和弦并不在客观上比小调和弦更悲伤。我们可以想象一个世界，里面的人都把大调和弦听成欢乐的音乐，我们并不能说这些人听错了，而只是因为他们聆听的方式与我们根本不一样。然而，我们又如何能主张，爵士乐手比门外汉更能判断爵士乐的演奏？他的听觉印象也许更为多样，也经过锻炼，但是如果说审美质量并非客观，爵士乐手的判断又凭什么就应该是更准确的？

◎ 红色四方形

请想象一下，你踏入艺术博物馆，走到柜台，寄放了外套，然后满心好奇地开始逛。在第一间展览室里挂着一幅画，画上只是一片红色，你小心翼翼地走上前去，阅读了标题“观看红海。公元215年”。你离开这幅写实的绘画，肃穆地走入下一间展览室，你很意外地发现，这里又挂着同样一幅画！不过这幅画的标题是“克尔恺郭尔的心情。1870年”。然后在下一间展览室里——这次你大概猜到了，也挂着同样的画，不过标题是“红场。1975年”，其余各间展览室还展出了“红桌布”“血”“爱情”“红色方块”“无题”，还有一张从IKEA买来的红底画布。

看过所有展览室之后，你恼怒地走到柜台，要求退钱，柜台后穿着正式的先生却友善地向你指出，在这次认真策划的展出里，馆方从各种不同的脉络与路线集结了许多极其罕见的作品，包括风景画、表现主义、印象派与社会批判的艺术品、静物画，以及抽象绘画。此外他还请你注意，这些画作各自有十分不同的含意，最后他还塞了一份介绍各种诠释路线的展览说明给你。

你困惑地离开了博物馆，满脑子都是问号：“这到底是怎么回事？这种艺术有什么用？艺术究竟是什么？随便什么东西都可以是艺术吗？决定艺术品意义的又是什么？艺术里究竟有没有对与错的诠释？”

这个例子出自美国的艺术哲学家丹托（Arthur Danto，1924年—2013年）。在《寻常事物的升华：艺术的哲学》（*The Transfiguration of the Commonplace*：*A Philosophy of Art*，1983年）一书里，丹托试着解开艺术的谜题，并回答“艺术究竟是什么”这个问题。这个问题自20世纪初被提出以来，便一点也不好回答，杜尚（Marcel Duchamps，1887年—1968年）在1917年把脚踏车、晾杯架及小便斗送进美术馆，安迪·沃霍尔（Andy Warhol，1828年—1987年）在1964年展出了由装百洁布的寻常纸箱组成的“布里洛纸箱”（Brillo Boxes）。杜尚让日常生活的物品走进美术馆，沃霍尔则模仿、堆叠寻常的大众商品。在这两个例子上，被创作出来的艺术品，在外观上跟一般物品没两样，但为什么在这里小便斗跟纸箱算是艺术？丹托认为，这两件作品跟在美术馆外、日常生活中的孪生兄弟的不同之处，在于它们让我们理解到一点什么。艺术家用作品提出说法，艺术作品总是能“谈到一点什么”，丹托如是说。在观赏时，我们可以问自己：“艺术家用这个作品要告诉我们什么？”但是在面对日常事物时，“制造商透过这个小便池想对我说什么？”的问题就失去了作用。

艺术的功能

在柏拉图与亚里士多德的时代，人们相信一切的艺术品都在描述某种东西，Mimesis——古希腊文“模仿”或“描述”之意，便是此时的万用关键字。艺术被认为是描述自然与模仿人类，不仅仅是在剧场里，也在绘画与雕塑中，这个理论在后来的两千多年里，一直占有主宰地位。描述理论家彼此争论的只是，艺术应该描述真实或理想中的自然——应该自然写实，还是描绘出其理想中最好的可能模样。

后来人们看到，并非所有艺术都在描述或模仿什么，音乐与抽象绘画根本不重现任何东西，尽管如此，这些也是艺术的形式。为什么？因为这些作品虽然不描述任何东西，但仍然充满表达，于是有人主张，表达是唯一的关键，艺术就是表达。抽象画、抽象音乐与风景画或剧场作品一样，都在表达某些东西，比如感情、气氛与思想。不过，“艺术品是某种表达”真的有那样特别吗？婴儿的哭声不也表达了恐惧跟不舒服？为什么婴儿的哭声不是艺术品，蒙克（Edvard Munch，1863年—1944年）的《呐喊》（Sjrik，1893年）就是？难道没有艺术品是不表达任何情感，单纯就只是讨人喜欢，比如蒙德里安（Piet Mondrian，1872年—1944年）的画作？

英国的艺术批评家贝尔（Clive Bell，1881年—1964年）认为，真正构成艺术作品的不是内容，而是形式：事物呈现的方式才是决定性的；每张旅游照片都有所呈现，每个婴儿的哭声都有所表达。但是艺术并不只是这样。贝尔提出“有意涵的形式”，也就是具有意义且传送内容的形式。贝尔所指出的，正是德国哲学家黑格尔（Georg Hegel，1770年—1831年）曾经指出、阿多诺（Theodor Adorno，1903

年—1969年）也强调过的：谈及艺术时；不能把内容跟形式分开，就如同我们无法把诗歌丝毫无损地转译成散文，如果把歌德的著名诗作《魔王》（Erlkönig，1782年）用平淡的散文重述一次，就会丧失许多重要的韵味，同样地，贝多芬的第五交响曲也没办法简单地转化成画作或电影。尽管艺术品教人了解一些东西，但是却没办法把它的内容独立出来，并重新呈现。不然的话，我们就不用特地去美术馆了，只要在家里舒适地阅读作品的描述与诠释就好。但是这并不会产生审美经验，而审美经验才是重点。不过，我们如何能把艺术品跟同样具有审美品质的日常物品区分开来？为什么美术馆里的小便斗是艺术，馆外的小便斗却不是？

最简单的答案是“体制理论”（Institutionen theorie）的回答：因为那个小便斗被陈列在美术馆里。根据这个理论，艺术的构成要件，就是在艺术界中被视为艺术。当专家们一致认为这个小便斗应该被收藏到美术馆里，那么这个小便斗就是艺术，然而专家是根据什么判准来下判断呢？专家会不会看错呢？许多在今日赫赫有名的艺术家，在世时却常常备受冷落，而且有些艺术形式，比如摄影，在诞生时根本不算艺术。但是这怎么可能呢？如果艺术真的就只是专家的认定？

有些艺术理论家援引奥地利语言哲学家维特根斯坦（Ludwig Wittgenstein，1889年—1951年）的说法，认为“艺术”此一表达根本无法定义，艺术品是如此天差地远，就像大家族里的各个成员。他们认为，虽然有些会彼此相似，但是并没有一个特征是所有艺术品所共有，而且同时能将艺术品与一般物品区分开来的。此外，艺术概念不断发展，任何定义随时都将面临过时的危险。

“艺术”的定义问题应该要跟艺术的功能问题分开看待。在这个问题上，也是众说纷纭，有些哲学家认为，艺术的功能仅止于让人愉悦，有些人则主张，艺术应该教化人们、批判社会，让我们的感官更具感受性，揭发真相、开启新的视角，或者至少应该促进人们思考。

你认为艺术的功能何在？你认为好的艺术品应该做到什么？艺术是否应该像阿多诺认为的那样，要让人感觉到痛？还是应该使人愤怒，使人震惊，或者最好让人愉快与内心平静？艺术首先应该诉求你的感官还是思考？艺术应该打开你的眼睛，为你开启崭新的观看世界的方式，还是你希望遁入完全自我的、非现实的世界里？对这些问题，幸好并不存在正确与错误的答案。所以你大可以依照需求，自由地关注这些或那些艺术品。无论是享受还是疼痛——重点是，你能够得其所欲。

自由

假设你拥有全知的能力，通晓宇宙的一切，你是否就能预测未来？

拉普拉斯 / 世界遵循不可改变的法则
非决定论 / 一切都只是概率问题
兼容论 / 自由是行动与目标和谐一致
法兰克福 / 自由意志是依照较高层次的愿望来行为

我们今天在民主国家里拥有的选择自由，是历史上从未有过的。我们可以选择怎么生活、怎么赚钱、要不要小孩，以及跟谁生小孩，我们可以自由迁徙，可以穿想穿的衣服，可以自由表达意见、选举政党，还可以在至少20种不同的洗发精中做决定。这些自由都是行动自由：我们可以这样或那样行动，只看我们想怎么做。

然而并不是一切我们想做的都能做，我们不能闯红灯，也不准杀死别人，尽管严格说来，这两件事我们都有能力做到，只是这些事会带来其他后果。另外还有些事情，即使我们想做也不会被禁止，但却无法这么做的，例如我们不能不吃东西，还想继续活下去，不能做时空旅行返回从前，不能瞬间移动到遥远的中国。这些事情我们可以自由地希望，但是最终都无法实现。不只政治与道德给我们的行动设限，物理也给我们的行动自由立下边界——终归不是我们想做的一切就都能做到。

行动自由跟意志自由不一样。有时候陷在过紧夹克里动弹不得的并不是身体，而是我们的意志，比如洗脑、强迫症或者某些严重的成瘾现象，瘾君子若是认为吸烟是恶习，便会感觉自己不由自主，那种想抽烟的感觉像是由外力强加的一样。他们本来是想戒烟的，但是烟瘾操控了意志，意志便成了烟瘾的傀儡。然而从哪里开始算是成瘾呢？什么叫作强烈的渴望，从哪里开始算是内在的强迫？当恐惧感或性冲动盖过我们的意志时，我们也算是不自由吗？在日常生活中，广告、话术与宣传对我们的影响力有多大？哪些愿望是真正地发自内心，而不是被外力灌输的？

哲学从一开始就极为关切意志自由的问题，神经科学也是如此，只不过比较起来，神经科学是很晚才出现的学问，然而神经科学确实给哲学对自由意志的讨论灌注了新的生命。1979年，美国的神经科学家利贝特（Benjamin Libet，1916年—2007年）进行了一个实验，引发了轩然大波。他的实验显示：在有意识地决定一项行动之前，我们的大脑里会先有些动静，许多人由此推论，我们的意志是落于大脑之后的；他们说："在感觉到意志的波动之前，我们的大脑就已经做好决定了。"这项实验当时受到各界的批评，然而较新的研究结果却证实了这个令人惊讶的发现。

德国神经科学家海恩斯（John-Dylan Haynes，1971年—）能根据受试者的脑部活动，预测他会按下两个按钮中的哪一个，而且是在受试者意识到自己决定的6秒之前。虽然预测的准确率只有60%，但是毕竟优于随机乱猜。这怎么可能呢？目前学界对头盖骨底下的世界进行过诸多研究，哲学家也热衷于参与讨论。因为，如果有人宣称，我们的意志从来不是自由的，那我们就应该首先厘清，“自由”究竟是什么意思。这便是哲学的任务。部分哲学家仍然深信，无论在做决定的多早之前大脑就出现活动，我们再怎么说都算是自由的。这个论断也许乍听之下有点古怪，但其实不无道理，不过让我们稍后再来谈这一点。这里我们首先要问的是：世界是否依循不可更改的法则运行，以及这对我们的自由意味着什么。

◎ 我们能否预测未来

请想象一下：你可以让整个宇宙暂时暂停，一切一切，包括每一粒原子，都会在原地上停留不动，没有任何事物能够继续移动。

再请你假设一下，你有全知的能力，你能一眼看尽年限广阔的宇宙，还能看透物质的深处。你知道整个宇宙在暂停的时点上的一切状态，也就是说，你知道每一颗粒子在哪里，它具有怎样的动量，正以多快的速度往哪个方向运动。

你能够依靠这些知识预测未来吗？这种计算虽然有点复杂，但原则上是可行的。因为，世界当前的状态，难道不是世界先前的状态所造成的必然结果吗？而当前的状态，难道不是也确立了日后如何发展吗？如果是这样的话，那么从宇宙大爆炸的那一刻起，就已经决定了你将于此时此刻坐在这里读这本书！

这岂不是很荒谬？而且如此一来，我们的自由岂不仅仅是幻觉？

这个思想游戏出自法国数学家拉普拉斯（Pierre-Simon Laplace，1749年—1827年），他设定有一种存在，能在某个特定的时点上，知道全世界一切的细节。后人把这个存在称为“拉普拉斯的魔鬼”，由于世界的每个状态，都是从紧接的上个状态里产生的必然结果，这个魔鬼就可以从他对世界的认知，推导出每个片刻的状态。拉普拉斯相信，世界遵循着不可改变的法则，世界的变迁从起始到所谓永远的未来都早已被确立；也就是说，你现在坐在这里、读到眼前的这个句子，都早在数十亿年前就已经确定了。这样的世界观，在哲学中就称为决定论（Determinismus）。

决定论是把双刃剑：整体来说不可信，但是从细部来看却又十分可信。说你此刻的所作所为都是从宇宙大爆炸起就确定的，这完全不能令人信服，但是说每个事件都是由前一个事件导致的必然结果，则具备了一定的说服力。当两个撞球相撞时，它们在相撞后继续滚动的方向跟速度，是在相撞之前就已经决定的，而且所有的物理事件看起来也都是如此。在日常生活里，虽然也有所谓的偶然，但是所指的只是那些令我们难以想象的状况，或者是在我们不知道会发生什么事的时候；然而从物理学的观点来看，骰子在丢出去的时候，就已经决定哪一面会朝上了，这个物理法则大家是知道的，只是计算起来非常复杂而已。

这个决定论的世界图像受到量子力学强力的撼动，许多人相信，量子力学已经推翻了决定论。作为物理学中的科目，量子力学立论的基础是：在次原子的领域里，存在真正的偶然事件，而且在这种微小尺寸的世界里，每个事件都是不能确定的。原子会在什么时候分裂，是不可能计算得知的，因为原子本身就不稳定——物质的内部充满了混乱与偶然。一切可知的都是概率事件，我们无法断定基本粒子接下来要往哪里移动，只能以概率论之。就好像两个撞球相撞之后，可能这样或那样滚动，但为什么是这样而不是那样滚？因为偶然。然而这怎么可能？总该有某个极其微小的细节决定了结果是这样而不是那样吧！但是，并没有！

由量子力学推波助澜的非决定论（Indeterminismus）整体来说虽然可信，但是就细部而言，十分考验我们的思考法则。归结来说，我们必须做出决定，因为我们的自由似乎取决于此，如果一切都是早被决定好的，那么我们就不可能是自由的。至少那些所谓的不兼容论论者（Inkompatibilisten）做了如此主张。不兼容论的立场是，我们只能在决定论与自由之间二选一，因为这两者是互相排斥、不能兼容的。作为不兼容论论者的你只有两种选项：要么你说，我们人类是自由的，这世界不是被决定的；要么你接受决定论，并且否认人类有自由。所谓的自由意志论论者（Libertarier）选择前者，“怀疑自由论论者”（Freiheitsskeptiker）则选择后者。不过当然你也可以认为不兼容论根本就不成立，并且主张决定论的世界跟我们的自由是可以相容的，那么，你采取的就是可兼容论（Kompatibilismus）的立场。这种主张相信，即便从宇宙大爆炸起，我们的各种决定就已经确定了，我们还是拥有自由。因为自由所意谓的，不过只是我们可以不受强迫地依照喜好做事。这个立场在今天的哲学圈里受到广泛的接受（许多哲学圈以外的人也许会很惊讶），现在就让我们更仔细地看一下他们所持理由为何。

◎ 我本来可以做出不同决定吗？

请想象一下，现在是中午，你站在员工餐厅里，正在选择要点哪种套餐。可以点的餐有煎牛排配蔬菜和素食意大利千层面。此时你不太想吃肉，而且还联想到了食用动物所处的恶劣饲养环境，加上你特别爱吃千层面，于是你不假思索地选了素食套餐。

你原本可能会做出不同的决定吗？“那是当然！”你一定

会这么说。但是，让我们假设，你可以让时间倒转，回到你选了千层面的那个时刻的前一秒。在这个情况下，在相同的初始条件下，你做的决定会不一样吗？考虑到你的价值观、信念以及各种考虑，考虑到你平日的口味与当时的偏好，你真的能做出不同的决定吗？也许你现在会坚持："那是一定！如果真的要的话，我也可以违反自己的考虑与偏好来选择。"但是那决定性的因素是什么呢？如果一切外在与内在条件都完全相同，是什么动机或哪种考虑会使得做决定的天平倒向相反的一方？

如果一股诱人的肉香钻进你的鼻子，或者你不去想可怜的动物，那你本来也可能选择煎牛排。如果……可是这里没有如果，情况必须跟原来的完全相同，毕竟我们想要主张的是，在完完全全相同的条件下，我们本来也可以做出不同的决定。

可是这要如何进行？不同的选择会不会纯粹是出于偶然？可是偶然并不是自由。如果"有做决定的自由"的意思是人在完全相同的条件下，可能会做出与原来不同的决定，那么这种自由其实是很难达到的，因为我们想不出来，在完全相同的处境下，要如何随意做出不同的决定。

在自由意志的哲学辩论里，常常有人提出这种论述，以证明我们对自由意志的天真想象其实是不明朗、不现实或甚至自相矛盾的。我们以为，有一个"我"高于一切，独立于一切影响力之外做决定。尽管做决定的时候，信念、感受与愿望也都会参与其中，但是最终总是“我”在自由行动中做决定。不过我们忘记了一件事：我们的“我”并没有脱离我们的身体、性格、情绪、信念、思想、记忆、价值观与利益，扣除这些影响因素，我们就不再是我们了；缺少这些因素，我们的意志也将失去方向。

有些人认为，如果我们屈服于感觉、身体的冲动或者激情，那就是不自由。这种观点匪夷所思，如果此说成立的话，那我们在日常生活中几乎从来不曾自由过。不论是在早餐时选了奶油面包还是跟伴侣睡了个觉，这些决定都是受到我们身体需求的引导，然而这会不会损害我们的自由？

自由意志和决定论并不冲突

重点在于，我们如何让冲动与动机引导我们，以及我们如何面对这些东西。毒品成瘾的人不会认同他对毒品的强烈渴望其实是来自他自己，亟欲注射毒品的强烈感觉，对他来说是一种外力，也是一种内在的强制。所以他注射毒品的决定是不自由的，因为那并不是他本来愿意执行的，他是希望最后可以摆脱毒品的。因此他的所作所为，与他所想要达到的有所冲突，他不是出于理性考虑而顺从渴望，而是被渴望给压倒了。瑞士哲学家比厄里（Peter Bieri，1944年—）说：毒品成瘾者是被驱赶的人。相对地，当我们在冬天里决定去泡个温泉，我们是有意地顺从自己的冲动与愿望，并不是在外在或内在的强制之下，而是依据内心的同意顺服了力量最大的动机，采取了与自己的目标与思考和谐一致的行动——这就叫自由，不需要其他的条件。

上面描述的，是兼容论论者的立场。他们认为，我们的自由意志——如果我们正确理解这个概念的话——跟决定论的世界没有冲突。即便在决定论的世界里，我们还是可以把受到外在或内在因素制约的人，跟那些依照自身考虑与目标行动的人区分开来。前者我们称为“不自由”，后者称为“自由”。世界是否依循决定论，不影响我们分辨“自由”和“不自由”。

我们的决定从来不是在真空中进行，总是会有各种影响我们的因素，比如性格特质、情绪、思考或愿望；以为存在一个可以脱离愿望、信念与情绪，在任何情境下都能做出这样或那样决定的“我”，从兼容论论者的观点看来，太过天真了，既站不住脚也难以理解。因为追根究底，兼容论论者认为不受任何条件决定的自由（我们许多人都以为自由就是这样）不外乎是个说不准的偶然，如果初始条件允许我们任意地决定接下来怎么做，那么我们的行动就成为偶然的，也是不自由的。对此，许多自由论论者提出反驳：那不是偶然，而是“我”在决定接下来的行动。不过这样说并没有意义，除非我们弄清楚，这个“我”的内容是什么：这个脱离了当下的愿望、确信与情感的我追求什么目标？我的信念、愿望与情感是这个“我”的一部分吗？如果不是，那么我们就得厘清，这个“我”到底是谁，又是如何（仿佛从外部一样）介入这个世界。

“我”是谁？什么是真正属于我的东西？哪些观点才是我的观点，哪些只是我从他人那里接收到的观点？哪些愿望与价值观是真正属于我的？还有最后，我的哪些情感是真的？什么时候我只是在表演？任何渴求自由的人，必须一再地对自己提出这些问题。自由就是自主，那个决定我做什么、想什么，以及追求什么的人究竟是不是我，我们得先认识自己才能回答。没有自主，就不可能对自己做决定；不认识真正的自己，就没有自由。做一个自由的人，就跟认识自己是谁一样困难。

人类从孩童时期起，就接收着所处环境的信念与价值观，性格特征、世界观与生活理想都不是我们自己选的，而是像是在不知不觉中潜入我们的自我。在这过程中，偶然性扮演了关键的角色：父母、朋友、偶像、书籍、电影以及际遇都在塑造着我们，使我们成为现在的模样。现在所称的这个“我”，就像由过去的偶然事件留下的痕迹所组成的拼贴图。就自由的问题来说，这里的关键是，我们与外在影响之间有怎样的关系。有些东西我们接受，尽管那并不适合我们，我们改变行为、顺应他人，表演给别人看，有时候也表演给自己看。在这里，我们并不自由。但是另外有些东西我们之所以接受，是因为真的很喜欢，我们将之化为己有；我们不只改变了行为，也改变了自己。我们所做的是真心的——在此处我们是自由的。

自由从来不是全然是或否的问题，大多数的决定都介于是与否之间：如果你在一段感情中做出让步，或者在职场上对女上司提供协助，这样的行为是自由的吗？如果你受到商品包装、广告或者亲切的店员的影响而多买了东西，这样的决定是自由的吗？如果你因为所受的教育与天生的脾气宁愿一切照旧、避免改变，这样的决定是自由的吗？确定自己能否认识这些影响因素，是重要的，但是更重要的是，我们跟影响因素之间有着怎样的关系。我们觉得哪些是外来的，哪些是属于自己的？这是最关键的问题，但不一定能分得清清楚楚——常常两者皆是。

◎ 凶手无法不行凶

请想象一下：你想杀掉你的邻居。你有自己的理由，但是你不是唯一想这么做的人，黑手党同样也想除掉你的邻居。于是黑手党利用你做杀人工具，办法如下：一个很厉害的黑手党人偷偷在你脑里植入一块芯片，透过这块芯片，黑手党人任何时候都能确知你要做出什么决定，而且他们还能操纵你，让你往他们想要的方向下决定。

现在有两个可能的状况：要么你自发地决定要杀死邻居，这样的话，黑手党就不介入，因为这个决定使他们称心如意。但是如果黑手党人确认，你正准备要决定不要杀死邻居，那么他们就会介入，启动芯片，让你决定还是要杀死邻居。所以你无论如何都会杀死邻居。

然而在这两种状况里，你是否都需要为谋杀负责？你或许会说“黑手党介入的那次不用负责”，但如果你是出于自愿杀死邻居，要不要负责呢？

许多人认为，只有有自由做其他选择的人，才需要为他的行为负责。然而这个说法正确吗？在上述的黑手党案例里，你的决定是确定无疑的：你唯一能做的决定，就是杀死邻居，你无法让邻居继续活下去，因为你若不想这么做，黑手党就会介入。然而要是你自发地、在黑手党未介入的情况下做出杀人的决定，那么你就负有道德的责任，即便你没有其他选择。

这么说来，即便我们无法做出其他决定，我们还是有可能必须为该决定负责。是这样吗？

这个思想实验出自美国哲学家法兰克福（Harry Frankfurt，1929年—）。在自由意志的争论中，他被视为重量级的声音，他也写过讨论真理、讨论爱情的书，以及一本叫作《废话》（On Bullshit，2005年）的畅销书。法兰克福认为今日的我们说了太多的废话，我们不断谈论自己不理解的事物。更糟的是，我们丝毫不关心自己所说的话是真是假。只要我们有张嘴表示意见，那就够了。

在自由意志的争论里，法兰克福站在兼容论的立场，他认为：如果我们能依照自己较高层次的愿望来行为，我们的意志就是自由的。药物滥用者对毒品的渴望并不符合他较高层次的愿望——他更希望能摆脱毒品，他实际上所做的，与他想成为的相冲突。许多瘾君子的情况也是如此。然而日常生活中绝大多数的行为，都跟我们真正想要的一致，也就是说，我们是自由的，不管世界依不依循决定论，都不影响这一点。就算世界的进程已经被预先决定，我们仍然可以是自由的。

“必须负责”有个前提，就是我们可以在两个选项间做决定，至少看起来是如此。谁要是遭到强迫或者别无选择，就对他所做的事情无须负责；当抢匪拿枪抵着银行职员，强迫他打开金库，那么银行的破产并不是职员的过错，因为他当时受到性命的威胁，实在别无选择。然而这个基本原则——只有另有选择的人才需要为行为负责——真的是毫无例外吗？上述的黑手党思想实验就提示了一个例外，在此案例中，你别无选择，不管你怎么决定，最后都会决定杀人，不论是自由自主地决定，还是不自由地、由黑手党启动你脑中芯片而决定。所以你没有其他选择，只能杀死邻居。然而人们会认为你至少必须在第一个情况下为谋杀负责，所以，我们固然需要有一定的自由，才能为自身行为负责，然而这样的自由并不预设我们一定有别的选择。兼容论论者主张：无论是自由还是承担责任，都不预设你有别的选择。

如果反对此说，就等于主张：你在上述例子中，哪怕是出于自主意愿而杀人，也无须为邻人之死负责。这只是因为你不论怎么决定都会杀人，邻居都非死不可。

法理与公平正义

假设你是新社会的绝对立法者，不过无法预知自己在新社会中的地位，你是否能打造出公平正义的社会？

霍布斯／国家借由垄断暴力确保和平
卢梭／直接民主制实现公共意志
罗尔斯／无知确保无私
诺齐克／符合自由意志便符合公平正义

在两个分开的笼子里，坐着两只可爱的卷尾猴。它们有个任务：实验人员给它们石头，它们再把石头还回来。第一只猴子完成了任务，得到一小块黄瓜作为奖赏，另一只猴子也完成了任务，得到一颗好吃的葡萄。第一只猴子看到了，做出惊讶与不满的反应，好像是在说："也许奖品不同只是偶然，看看下一次奖品怎么样。"可是到了第二次，它还是只拿到一小块黄瓜，而另一只猴子再度拿到一颗甜葡萄。于是这第一只猴子无法忍受了，它把黄瓜从笼子里丢出来，用手敲着地板，又拼命摇晃笼子的栏杆，它不能接受这种不公平的待遇。

这是萨拉·布罗斯南（Sarah Brosnan）与德瓦尔（Frans de Waal，1948年—）在2003年所进行的实验，当时这段影片传遍了全世界。他们的发现如此令人震惊：卷尾猴能鲜明地感受到公不公平，当两只猴子完成了同样的任务，但是一只获得了比另一只更好的报酬时。这不公平——猴子就抗议了。

人类对不公平的感受也是根深蒂固的。公平与正义似乎是普遍的价值。在绝大多数的文化、世界观与宗教里，公平正义都是共同生活中的核心概念，大家都希望获得公平公正的待遇，但是并非所有人对这个概念的理解都相同。不同的世界观，会把不同的事情看作正义与否，正义的概念既繁复又多层次。

公平正义是什么？这个问题很难回答，但是在日常生活中，我们常常一眼就认出不公平与不正义的情况，比如当海啸重创穷人的生活、高阶经理人获得过高的薪资红利、人权被践踏、女性薪水比男性低、重要的政策受到贿赂左右、契约的约束被打破、同工不同酬、机会不均等，或者未来世代必须承受当前能源与资源消耗所造成的苦果等等，这些都会让人感到不公平、不正义。

追求公平正义的人，无法回避平等的概念，但问题是哪一种平等？所有人拥有的应该一样多吗？这又是指哪些事物？我们需要相同的权利、相同的自由、相同的起始条件、相同的机会，或者相同的薪资？除了平等，公正不偏颇也扮演重要的角色：正义女神（Justitia）的眼睛被绑起来不是没有原因的——她看不见受审之人是谁，所以她的判决无法收买且不偏向任何一方。她一只手拿着天平，一只手握着剑，她知道犯法的客观重量，并通过符合比例的惩罚重建公平正义。不正义应该被制裁，这是所有人一致同意的，但是常常因为缺乏相应的法律，大家就只好容忍。

然而，在法律的范围外谈公平正义，到底有没有意义？公平正义与法律的关系是什么？是否一切符合法律的事，就都是公平正义的？围绕这些问题进行哲学争论的双方，就是法实证论论者（Rechtspositivisten）及自然法（Naturrecht）的支持者。法实证论论者主张，所谓正义，就是现实上适用的法律所要求的，在法律以外，不存在任何规范性的准则。相对地，捍卫自然法的人士认为，每个人天生就具有固然的权利，不论他所生活的国家是否承认，所有人类都拥有人权，只是并非所有人都能获得而已。法实证论论者的问题是他们没有批判或改善法律的根据，自然法的捍卫者面临的挑战则是，他们得指出，自然权利是哪里来的，又为什么有效力？人权又为什么有效力？

在探讨公平正义的概念之前，我们还应该问：人类究竟需不需要一个法治国家？没有法律的管束，我们难道不会更自由、更快乐吗？为什么我们要屈服于国家的权力之下？

◎ 野蛮人

请想象一下，你生活在蛮荒世界里，一切完全靠自己。虽然你经常也会遇到其他人类，但是彼此间没有井然有序的共同生活，没有法律也没有国家，所有人都靠各自的办法生存。你无比自由，喜欢什么就能做什么，其他人也是如此。

你在河岸附近给自己盖了间小茅屋，整日采集蔬菜水果、打猎、贮存过冬的粮食。不过你的日子充满持续的恐惧与不安，因为这里唯一的法律就是比谁的拳头硬，你随时可能会遭到强盗的袭击，然后你就又一无所有了。

你跟其他人谈论这种令人不快也不安全的状态，发现大多数人都有同样的困扰，他们说，自由与独立尽管美好，但是没有安全保障，就只能活在恐惧之中。于是你跟其他人定了个约定：每个人都不要去攻击旁人，不要拿别人的东西。那谁来保证每个人都遵守这个约定呢？总得有人来负责维持规范与秩序，并且惩罚那些违反约定的人。那这个人该是谁？

谁来当都好，你这么认为，只要他能确保所有人都平安生活就好。于是这件事就交给某人全权负责，所有武器都被收缴到秩序维护者的手上。然后这个人组织了警察队，来维持地区内的秩序与和平。人们都放心了，虽然再也不能去邻居的花园偷摘水果，但是至少大家不用再担心自己的东西会被抢走。

唯一要祈祷的是，警察队不会突然开始滥用他们的权力。

这个思想实验来自17世纪的英格兰哲学家霍布斯（Thomas Hobbes，1588年—1679年），霍布斯是现实的思想家，捍卫唯物主义的世界观，认为这个世界不外乎是由许多运动中的物质，也就是互相碰撞的极小粒子所构成的，这就是世界的一切。这个理念承袭古希腊哲学的原子论论者，如留基伯（Leukipp，？—公元前370年）与德莫克里特（Demokrit，公元前460年—公元前370年）等人的观点："事物有颜色，味道有甜有苦，但这只是仿佛如此，实际上存在的唯有原子与虚空。"霍布斯也如是说，人类不过是会移动的一团原子，老是在寻求让自己的需求得到满足；能满足利益的，我们就称其为"善"，凡是造成损害的，我们就说是"恶"。道德、法理与法律的用处，就是促成和平、保障生存，以及让共同生活过起来愉快一点。因为若是没有法律，人类就会不断地发生战争。这并不是霍布斯的凭空想象，当时的英格兰正进行着一场接一场的残酷内战：国会对抗国王，新教对抗天主教。

人类需要国家

在他的主要著作《利维坦》①里，霍布斯问：有什么充分的理由可以支持国家威权的存在。霍布斯不相信有神授之法，也不相信自然权利（维持自我生存的权利是唯一例外），法律是人类创造的。只要没有具备约束力的法律，社会中就不存在正义与不正义，一切都是允许的。为了说明这种无政府的处境，霍布斯发明了一种人类的自然状态；用这套说明，霍布斯问：在没有社会、国家、道德与法律的状态

① 原文书名为 Leviathan or The Matter, Forme and Power of a Common Wealth Ecclesiasticall and Civil，"利维坦"原为《旧约圣经》中记载的怪兽，霍布斯用其比喻强势的国家权力，亦有将书名中译为《巨灵》或《巨灵论》。——译者注

下，人类会过怎样的生活？

霍布斯认为，在自然状态里，每个人首先会顾及自己的生存、需求的满足，以及自己的安全。霍布斯形容那会是“所有人对所有人的战争”。每个人需要什么，就去拿别人的，所有人都生活在恐惧之中。人类虽然有完全的自由，却没有安全可言，处处都是危险。

根据霍布斯的说法，只有一条理性的办法可以走出这种自然状态，那就是：大家签订一个社会契约，以保障每个人特定的权利，并要求他承担一定的义务，人们放弃一些自由，但是换得了安全。为了贯彻这个契约，人们需要一个暴力的垄断者，也就是“统治者”（Souverän）。这个专制的统治者负责维持国家内的安全与秩序，唯有如此，和平的生活才能得到保障，而和平正是所有人所希望的。霍布斯希望利用这个思想实验指出，限制自然状态下的绝对自由，并让自己通过社会契约臣服于暴力垄断者之下，是理性的，也是可理解的——放弃自由，换取和平。

人生而自由

霍布斯认为，虽然人类并非天生邪恶，但是人类需要国家，才能和平快乐地生活。出生于日内瓦的启蒙时代哲学家卢梭（Jean-Jacques Rousseau，1712年—1778年）的看法则完全相反，他是立场坚定的社会批判者。他认为，人类的本性是善的，是社会让其坏的面向显露出来，人类本来没有足够理由放弃自然状态，那只是个灾难性的偶发事件所促成的。有一天，有人突然主张一块土地是他的，说那是他的私有财产——这就是败坏的开端。卢梭写道："第一个把某块土地圈围起来、主张'这是我的'并找到足够多头脑简单的人来相信他的人，是真正意义上的市民社会创建者。如果当时有人站出来拔掉他扎下的木桩，或者填平他挖出的界沟，并且对所有人高喊：'你们要小心，不要听从这个骗子。如果你们忘记果子是大家共有的，土地也不是任何人的，那你们就完了！'如果那时有人这么做，不知道可以为后来的人类省去多少罪行、战争与杀戮，免去多少痛苦与恐惧。"在这里我们看到，马克思（Karl Marx，1818年—1883年）受到了谁的启发。卢梭和马克思都痛斥私有财产：私有财产鼓舞了人类的嫉妒与憎恨，使人彼此攀比与竞争，让人汲汲于追求赞同、荣耀、占有与财富；人类就是在私有财产制与社会生活里才变得如此自私自利的。

卢梭认为，若要让未来的世代免于陷入这种腐败，需要有良好的教育，在《爱弥儿：论教育》（Émile：ou De l'éducation，1762年）一书中，他探索能让良好本性自由开展的教育。最重要的是，必须保护小孩子不受到社会败坏的影响，让他们在能依照天性尽情发挥的环境里长大。所以，最好的教育是消极与间接的教育：把坏的影响隔开，提供能开展好的本性的环境。因为卢梭认为，我们的恶习都是人为的，是经由社会生活才养成的，比如对物质财富的渴望及寻求名望。一个不受社会影响长大的孩子，卢梭说，既不知道嫉妒，也不会积极追求名位与财富。这种自然养成的孩子在长大之后是独立、自主与自由的，跟其他盲从于社会期望的人截然不同。“人生而自由，”卢梭如此写道，“但却处处都在枷锁之中。”

照这样说来，要过自由快乐的生活，就一定得隐居山林吗？卢梭认为不必，因为有更高层次的自由，只有在与他人共处的社会里，更准确地说，是在直接民主制中才能实现。在理想的情况下，社会里所有不同的成员可以共同决定所有事项，为公共利益投注心力，不同的意志融入了群体的意志——这就是卢梭广受引用的“公共意志”（volonté générale）。每个人无论男女都可以共同参与决定，决定的过程中只服膺于不偏私的思考与利益，我为人人，人人为我。然而，谁又能保证每个市民都能公正不偏地选择，不会图谋个人私利？

◎ 无知之幕

假设你有机会可以为社会彻底地重新立法，可以颁布所有你希望实行的法律。不过有一点得注意：你被“无知之幕”所笼罩，也就是说，你无法预知你在新社会中将站在什么位置上。你不知道你的身体与精神状况将是如何，不知道你将拥有哪些天赋与缺陷，不知道你将从事怎样的职业，也不知道你将有多少收入。你甚至不知道你将是什么性别、关心什么利益、属于哪个种族，以及信奉什么宗教。你虽然可以决定一切游戏规则，却不知道你将在哪个位置、哪一阵营参与游戏。

这个无知之幕是否能保证你将会打造出公平正义的社会？哪些基本法则是你与其他人都能共同接受的？

这个思想实验来自美国哲学家罗尔斯（John Rawls，1921年—2002年），他的《正义论》（A Theory of Justice，1971）被视为20世纪最重要的政治哲学著作。罗尔斯在书中探问，正义的国家应该建立在哪些基本原则之上？什么是公平正义？这个问题的答案又是由谁来认定？罗尔斯认为，要决定什么是公平正义，需要公平合理的程序，无知之幕就在这里发生作用。无知之幕可以保证，在寻找共同生活的基本规范时，其制定不会受到私人利益的操控，这层遮蔽可以防止偏颇与营私。

决定社会基本原则的人，应该要凭借不偏不倚、公正无私的心态，只有当他不知道其决定对自己将会有何影响，他的决定才会是最公正的。有钱人在富人税的议题上，一定无法公正，穷人也是一样。然而如果一个人不知道他在社会上将是穷还是富，就会制定最能公平对待富人与穷人的法律，换言之，谁要是罩上了无知之幕，就将为所有人制定公正的公共生活基本原则。但那会是怎么样的原则呢？穷人、富人、男人、女人、虔诚教徒、无神论论者、聪明人、思考怠惰的人、市侩跟嬉皮，在无知之幕的笼罩下，真的会做出一样的决定吗?

根据罗尔斯的理论，如果人人具有理性，将能共同认可下列原则：第一步，他们将会拟定出人人享有相同权利及最大可能自由的基本原则，而人人享有最大可能的自由，就是一切最高的原则；基本权利如迁徙权、财产权、言论自由与选举自由，或者免于歧视的权利等等，皆应对所有人一体适用。第二步，在前述的基本权利与基本自由的范围内，我们可以接受有条件的不平等，如果这对所有人（包括对最弱小的人）有利的话；也就是说，唯有在对所有人皆有利的情况下，不平等可以优先于平等，这也被称为“极大化最小值规则”（die Maximin Regel），因为这种不均等，必须是对最不利处境者来说利益最大的选择。第三，处境较优者的位置原则上必须对所有人开放，人人都能够达到那个位置，简言之就是机会要均等。

罗尔斯认为，在无知之幕的笼罩下，具备理性的人将能够达成这些基本原则，而且既然无知之幕保证了在决定的过程中，没有私人利益介入，而是众人不偏不倚地思考后做了决定，所以，罗尔斯相信，这些原则可以算是符合公平正义的。然而这真的是正确的吗？请你想象一下，有个赌徒在无知之幕下做了这样的赌注：他打赌自己将是个富人，于是觉得有钱人不但不应该因财富受到惩罚，还应该被奖赏，虽然他清楚知道自己也有可能会是穷人，这样的打赌有风险存在。罗尔斯的思想游戏里排除了这类喜好投机的赌徒——但是赌徒就不具有理性吗？

也有人持反对的观点，认为无知之幕一点也不能保证决定不会偏颇，因为在罗尔斯认为可达成的正义原则的方法背后，隐含着个人主义的、西方式的社会模式。我们如果换个方向问，就会明白这一点。比如：宗教的基本教义派信徒在无知之幕下会协议出怎样的正义原则？换成一群种族主义者又会怎么决定？种族主义者会不会甚至同意，有色人种被差别对待是正义的？所以，关键的问题变成：在决定什么是正义的时候，我们能不能从自身的世界观与价值观抽离出来？是否存在绝对中立的正义，与我们对美好生活的想象完全无涉？特定观点与价值观深刻地塑造了我们的自我认同，以至于我们根本无法从中抽离，至少这是社群主义（Kommunitarismus）者对罗尔斯的批判。

“极大化最小值规则”同样受到批评。让我们用另一个例子再陈述一次这个规则：让我们假设，你能在两个保险柜中选一个带走，第一个保险柜里藏了1000欧元或100欧元，第二个保险柜里则有500欧元或300欧元。现在“极大化最小值规则”建议你拿第二个，因为你至少能拿到300欧元，如果你拿第一个，万一运气不好，你就只有100欧元。也就是说，用最坏的结果比较之后，拿第二个保险柜会比拿第一个好，所以“极大化最小值规则”建议你拿第二个。然而，难道不能说拿第一个保险柜更为合理吗？比如说，如果你为了一项手术急需

1000欧元，300欧元反正帮不上忙？我们也可以换个方式问：地球上70亿人每天赚10欧元，跟所有人每天赚100欧元，只有一个人赚9欧元——前者真的比后者更公平正义吗？第二个状况里，虽然有一个人赚得比状况一要少一点，但是其他将近70亿人，比起状况一都赚到10倍之多！

自由意志的外部效应

批评罗尔斯最有力的是美国哲学家诺齐克（Robert Nozick，1938—2002），作为自由意志论（Libertarismus）[①]的捍卫者，他认为国家确实应该保护比如像财产权这样的基本权利，但是不应该插手分配的问题。诺齐克不只反对"极大化最小值规则"，根据此原则，不平等只在对所有人都有利时才可被允许，而是根本反对一切对市场自由的干预。为了阐明自由意志论的立场，诺齐克也提出了一个思想实验：

假设不论各家正义理论如何定义，有支篮球队的收入分配是"公平正义的"，平等主义派要求收入应均分、机会应均等或者应有伤兵补贴：比如因伤停赛但薪资照给，于是球队有了公平的初始条件。现在球队老板向传奇球星张伯伦，联赛中最棒的球员，提出合约：如果他愿意换到自己这边来打球的话，那么球队每卖出一张门票，就付给他1美元。在每季有100万名观众买票的情况下，这就等于100万美

① 或译自由至上论。——译者注

元——这比队里其他球员的收入高多了。张伯伦接受了这份合约，球队非常高兴，在主场比赛时，门票总是销售一空。签订这份合约的双方都是出于自由意愿，观众也乐意付门票钱来看张伯伦打球。

但是，在张伯伦转会后，队内的收入分配就跟原本的模式不一样了，但是这仍然是从原本（被认为是公平正义）的分配状况，经过自由意愿，转变成目前的分配状况的。现在诺齐克问：如果此变动的发生是自愿的，也没有人因此蒙受损害，那这个分配状态的结果怎么可能是不公平不正义的？毕竟其他队友赚得并没有比以前少。哪一点可以算是不符合公平正义的呢？根据诺齐克的观点，如果人们将自己合法取得的财产自愿地支付出去，那么所产生的财富分配就一定是正义的；公平正义不需要特定的分配结构，唯一条件就是所有人都是出于自愿参与交易与交换。

在这个例子上，确实看不出来有谁在交易中受害了，然而现实中的状况常常并非如此，因为会产生外部效应（Externalitäten），对第三者造成损害。拿原物料跨国企业与各国政府间的交易来说：交易双方确实获利了，但是在矿物开采的过程中，工人受到剥削，消费也损害了环境，并因此殃及未来的世代。此外，金钱与权力集中在少数人的手中，在政治上也是令人忧虑的事。

瑞士信贷银行的首席执行官杜德恒（Brady Dougan，1959年—），每年薪酬据估计约9000万瑞士法郎，也就是每个月高达750万瑞士克朗[1]。天知道这是不是利伯维尔场的结果。不过我们还是可以问：他的价值真的比那些坐银行柜台的职员高出那么多吗？为什么医生总是赚得比护理人员还多？薪资之间的差异应不应该受到规范？暂且撇开这点不论：所有劳动者不是已经有了最低工资，让他们可以体面地生活？或者我们甚至需要实施无条件的国民基本收入，不论每个人从事什么职业与做多少工作？这些问题极其复杂，让我们烤块蛋糕来帮忙厘清一下。

◎ 谁拿最大块蛋糕？

请想象一下，你跟四个孩子一起烤蛋糕。八岁的莉萨已经有点经验，于是担任了指挥的工作：她拿起蛋糕食谱，念出各个步骤，并检查一切是否依照食谱进行。她的双胞胎兄弟保罗对烘焙毫无兴趣，一直玩手机，只做了最必要的协助　　不过他肚子很饿，因为他刚刚踢完足球回来。四岁的女儿萨拉则非常投入，负担了既费力又困难的工作：揉面团、切碎巧克力，还有打蛋。两岁的西蒙非常兴奋，因为他第一次可以帮忙烤蛋糕，可是他还什么都

① 折合约人民币600万元。——编者注

不会，算不上真的帮上了忙，每个步骤萨拉都必须帮他一把。

送进烤箱30分钟后，蛋糕烤好了。闻起来真香啊！西蒙已经等不及了，保罗已经快饿坏了，萨拉也非常期待这个蛋糕。莉萨虽然亟欲知道这个蛋糕好不好吃，但是她早餐吃多了这时还很饱。

现在最大的问题是：最大块的蛋糕要给谁？还是每个孩子应该得到同样大块？

这类思想游戏常常用来呈现分配正义的问题，亚里士多德就已经区分了交换正义与分配正义，根据亚里士多德的区分，如果是等价交换，那这个交换行为就是公平正义的。这不只适用于购买，同样也适用于惩罚：商品的价格应该相应于所买的产品，惩罚的严重程度应该对应罪行的重大与否。亚里士多德把分配正义跟这种双边的交换正义做了区分：分配正义的重点在于，如何在许多人之间做公平的分配。所分配的东西可以是好事，比如企业获利、受教机会，或者一个蛋糕，但也可以是坏事，比如纳税的义务，或者必须完成的劳动。而在分配正义的问题上，适用的是贡献原则：贡献大的人，应该得到相应的那一份。但这是什么意思呢？谁有权利要求自己能获得多大一份？什么时候做不平均的分配是有道理的？还有，最大的那一份要给谁？

让我们观察上述的思想游戏：烤好的蛋糕是共同劳动产生的最终产品与报偿，你与四个孩子都有参与。你买了烘焙材料，提供了烤蛋糕的器材与空间，其他的你就都让孩子自己动手了。年纪最大的女儿莉萨最有经验，负起烤蛋糕的责任；保罗虽然最饿，但是他帮的忙少得可怜，他的团队精神同样不值一提；萨拉付出了最多的劳力，精神负担也是最重的，因为她还要帮助年幼的西蒙；西蒙尽管也很努力，不过实际却没有帮到什么忙。哪些因素是分蛋糕时应该考虑的？怎样算是比其他人更有贡献？还是说，不论每个人投入多少，都应该分到一样大的蛋糕？

如果我们只考虑贡献的因素，那两个男孩都分不到蛋糕，但是没有人会这样做。所以，光考虑贡献因素，至少在这个案例上，是不够的。至少小西蒙就似乎应该有资格得到一块蛋糕，他虽然对蛋糕的制作影响不大，但也是非常努力，十足地参与了团队合作。投注心力是应该得到奖赏的，即便能力不足、缺乏贡献。没错吧？

保罗的贡献跟小西蒙一样少，但他是出于懒惰，而不是由于能力不足，他根本没有意愿。可是他却是肚子最饿的。所以，保罗既没有努力也没有贡献，但却有最大的需求。然而，在这个情况里，有需求是不够的，他大可以啃面包来填饱肚子。也许其他孩子不管怎样都还是会给他一块蛋糕，但是保罗至少应该要感到有点不好意思，又或许下一次就不再找他烤蛋糕了。在这次的例子里，如果他问也不问地就抓走一块蛋糕，那也未免太厚脸皮了。

剩下保罗的双胞胎姊妹莉萨，她扛起全部的责任，如果她没有顾好烤蛋糕的关键，那整坨蛋糕可能就不能吃了；不过她没有亲自动手，体力付出也非常之少，与妹妹的体力负担比较起来，她只感觉到一丁点的精神负担，因为她已经烤过好几次，也读过许多烘焙的书。但是教育、经验与责任，要怎么换算成贡献比重？而她其实没什么胃口吃蛋糕对于分配来说是否重要？如果她只吃得下一块蛋糕，那她有资格说她想要两块吗？以及，她吃不下的那块，又应该要给谁？包起来明天自己吃吗？

心智与大脑

假设你是蝙蝠专家，对蝙蝠的一切了如指掌，你是否就能点出蝙蝠心里在想些什么？

内格尔／人只能从主观内在的视角研究意识
莱布尼茨／感觉与思想并非由物质构成的现象
笛卡儿／心智世界与物质世界交互影响
物理主义／除了物理事实以外别无其他存在
杰克逊／世上存在非物理的事实
查默斯／哲学僵尸没有意识
功能论／人的心智状态由其功能定义
克拉克／我们的心智也存在于我们的周遭

你看过真正的大脑吗？你一定知道，那是一团皱巴巴、黏糊糊的物质，由互相交换电流讯号的神经细胞所组成。神经科学家宣称：我们的意识与心智存在于这一堆灰色的物质里。等一下，那我们的意识在哪里？我们的“我”藏在哪里？我们的感官印象与情绪又藏在哪里？从又软又黏的脑细胞集合里，如何组成有情感、期望与感官印象的我？从原子的结合里，要怎样变出对世界有个人视角的我来？简单来说，大脑如何产生心智？心智跟大脑又是什么关系？这就是这一章要谈论的关键问题。

在寻找答案的旅程中，我们会跟蝙蝠一起在黑夜中穿梭、在大脑里漫步、解放被监禁的玛莉、与僵尸交朋友，还要拼装大脑义肢、耍弄中文书写符号，以及在大脑里植入智能手机。在这趟旅程的终点，我希望，你的意识将会打开。不过究竟什么是意识？或许蝙蝠可以帮助我们回答这个问题。

◎ 蝙蝠的秘密

请想象一下，你是蝙蝠专家，对这种毛茸茸的夜行者了如指掌，包括它们怎样倒挂在天花板上，如何靠声呐在黑暗中全盲飞行，如何进食、沟通乃至于如何繁殖。从几年前开始，你也研究蝙蝠的大脑，知道哪些区域负责哪些行为方式。

然而你一再问自己：当蝙蝠是什么感觉？靠声呐在空间中定位，意即用耳朵代替视觉，是怎么回事？拥有毛茸茸的、带翅膀的身体是什么感觉？蝙蝠闻到的世界是什么味道，吃在嘴里的食物是什么滋味，蝙蝠的性生活感觉如何，听到的又是怎样的世界？我们能想象这些是什么感觉吗？

我们能否想象，当蝙蝠对蝙蝠来说做何感想？

这个思想实验来自美国哲学家内格尔（Thomas Nagel，1937年—），他首先想指出的是，我们无法想象当蝙蝠是怎么回事，就算我们穿上蝙蝠侠的服装、吃蚊子、倒挂在天花板上，也无法了解。这么做我们只会知道，吃蚊子跟倒挂在天花板上对我们来说是什么感觉，可能就是恶心跟费力，然而我们无从得知蝙蝠做何感想。

内格尔的思想实验很特殊，因为我们根本无从进行这个实验，然而重要之处就在这里：内格尔想指出，我们永远不能从内心的视角出发，去认识另一个存在的意识；从内心出发我们唯一能认识的只是自己的心智。我们从来不能体会在另一个存在的内心里，究竟进行着什么，包括其他人类在内。我们可以猜测，可以把自身的体验套用在他人身上，然而，当我与朋友一起吃着草莓冰淇淋、一起观赏落日美景的时候，我无法知道我所体验到的，是否跟朋友体验到的是同一回事。内格尔认为，人类只能从主观内在的视角研究意识。然而既然科学研究的是客观事实，代表只能运用外在视角，所以科学不能研究我们的意识。

许多哲学家不会把话说这么满，比如奥地利哲学家维特根斯坦就对内外视角的区分提出批判，他认为，在特定情况下，他人的行为能够让我们论断他的心智状态：如果一个人倒在地上，表情扭曲，还流着血，那么就十分清楚，他一定感觉到疼痛。如果在这个情况下，我们还主张不知道他的内心状态，是十分荒唐的。不过如果讲到动物，维特根斯坦认为，那就是另一回事，特别是当它们的行为跟我们差异很大的时候。生物的行为离我们越遥远，我们就越难以断定，身为这种生物是怎么回事。在这一点上，至少内格尔举蝙蝠的例子是有道理的。

神经科学家尝试从外部，意即通过大脑，来理解意识。他们观察，当我们思考、感觉，以及表达意愿时，大脑的哪些区域会有活动。不过神经科学研究的究竟是大脑还是心智？抑或两者皆是？心智与大脑的关联又是什么？

◎ 脑中漫步

想知道你最好的朋友对你真正的看法吗？你会希望仔细检查他的大脑，以便寻找他最严密保存的秘密吗？不过你在那儿会发现什么呢？

请想象一下，你的身体缩小了数百万倍，而且此刻真的处于好朋友的大脑里，这个大脑相对于你是如此巨大，你可以毫无拘束地四处游走。好吧，也不是毫无困难：你得卖力穿过长满神经细胞的原始丛林，到处都是组织、细胞质与血管，经常就有电流脉冲从旁闪过。

可是他的思想到底在哪里啊？放眼望去，任何稍微像思想的东西都看不见。你与朋友共有的记忆在哪里呢？他的感官印象又放在哪里？他的“自我”位于何处？

这个思想实验的雏形来自于德国哲学家与数学家莱布尼茨，他其实没有把大脑比拟为血淋淋的原始丛林，而是跟一部复杂的机器做比较，不过所提出的问题是一样的：即便我们能进到这部庞大的机器里散步，也还是找不到思想与感受。

谁要是想借由研究大脑，来找出感觉或思想，那他就找错地方了。感觉与思想跟雷阵雨与山崩不同，明显不是纯粹由物质构成的现象，而是心智的程序。一切我们能在大脑里找到的，都是由物质构成的，然而精神似乎完全是另一种东西。尽管如此，精神必定以某种方式与这些物质有所关联，但又是怎样的关联呢？让我们慢慢地切入这个重大的问题：

近代哲学之父笛卡儿认为，精神的确对身体发挥作用，比如当我们想要举起手臂，手臂就真的举了起来，然而身体同时也对精神产生影响，比如当我们撞到东西，接着就感到疼痛。所以笛卡儿服膺的是“交互作用论”（Interaktionismus），因为他认为，心智世界与物质世界处在交互影响的关系里。但这怎么可能呢？能量要如何在物理界与非物理界之间进行传递？用哪一种脉冲（Impuls）？又在何处发生？

精神与身体的对应

精神与物理界交互作用之处，也就是身体与精神的接口，笛卡儿认为是在松果体（Zirbeldrüse），大脑里一个豌豆大小的部分。松果体负责在大脑里让窜来窜去的小粒子——笛卡儿称这些粒子为活力（Lebensgeister）——改换跑道，让它们往新的方向跑去，办法大概是通过精神的意志行为。依照当时物理学的错误认知，这种让粒子改变方向的行动不需要力量。于是，根据笛卡儿的想法，精神可以使我们的手臂举起，无须物理世界灌注能量的介入，所以宇宙间因果关系的完整性得到保存，能量不灭定律也不受影响。

后来人们发现，笛卡儿推论所依赖的物理学理论是错误的，比笛卡儿晚生50年的莱布尼茨就已经发现，必须换个办法来解决身体与精神联结的难题，因为他知道，就算只是让粒子改变方向，也需要力量。既然“交互作用论”与物理世界的因果完整性有冲突，便很难再站得住脚，所以莱布尼茨转而提出“平行论”（Parallelismus）：精神与物体是两个在因果关系上完全独立的领域，彼此完全无法影响对方。那你的手臂怎么会在你想这么做的时候真的举起来呢？为什么你正好在受伤的时候感觉到疼痛呢？简单说，如果这两个领域是严格分离的，那为什么精神现象与身体现象会如此准确地互相对应？莱布尼茨给了一个令人意想不到但是却十分简单的答案：是上帝让这两个领域准确地对应起来，好像两座时钟以完全相同的速度走着，永远指着相同的时间，然而在因果上彼此毫无关联。这位哲学大师用“预先命定的和谐”（prästabilierten Harmonie）来指称这个现象——这岂不是靠着耍弄小聪明来当权宜之计吗？

并不是。就当时的世界图像而言，这个主张十分严肃。既然全知全能的上帝事先知道你的一切决定，所以他也知道你会在什么时候想举起手臂；而且他有能力让你的身体如此运作，以至于你的手臂会刚好在你想这么做的时候举起来。上帝能让物质完美地对应到精神上；至于如果全知的上帝预先知道你的一切决定，那你还有没有自由意志，那又是另外一个问题了。我们留到之后谈上帝与信仰的章节再来讨论。

在这里需要确定的是：不论是交互作用论还是平行论，只要一牵涉到解释精神与大脑的交互关系，就会遭遇极大的困难。

如果我们能说：精神不外乎就是大脑，这个谜题也就解开了。这是物理主义者提出的论题。他们宣称：思想、感觉以及愿望，不折不扣都是大脑的一些过程，就像水不外乎就是水分子的集结一样。物理主义可以轻易地解释，我们的精神如何让身体移动，如何操控身体，因为从物理主义的观点来说，我们的精神也是有形体的，因此也是物理世界的一部分；当精神要让身体动的时候，就是物质对物质发挥影响，所以并不牵涉到什么谜样的难题，物理主义者如是说。

然而物理主义并不是没有弱点，下面两个思想实验都直指物理主义者的要害，玛莉与僵尸要来找他们算账了！

◎ 玛莉与颜色

你认识玛莉吗？她是当前研究颜色及人类颜色知觉的顶尖专家。她知道波长、视网膜、大脑如何处理视觉刺激等等的所有知识。只要是客观上人类的颜色感觉知识，她无所不知。不过这个游戏有个麻烦之处：玛莉从来没看过有颜色的对象，既不曾看过红色的西红柿，也没见过蓝色的天空。因为她从出生起就住在没有色彩的房子里，也在那里工作，她只能看到黑色、白色与灰色。有一天，房子的门打开了，玛莉终于可以离开这间阴森森的黑白房子了，她终于可以用自己的眼睛，看到那些她长年以来研究的对象：各种颜色！

现在要问的问题是：当玛莉离开屋子，她会得到颜色的新知吗？如果会，那表示她原本熟知的颜色知识是不完全的吗？有什么事实是连最完美的物理理论也无法描述的？在物理世界以外还有任何别的存在吗？

这个思想实验是由澳洲哲学家杰克逊（Frank Jackson，1943年—）在20世纪80年代提出的，他想借此反驳物理主义——后者主张，除了物理事实以外别无其他存在。那么如果玛莉在离开屋子之前，已经学到了一切颜色的物理事实，但是在走出屋子首度看到红西红柿后，却仍然获得颜色的新认知，那么颜色就不只是相应的物理事实而已。简而言之：玛莉在首度看到红西红柿时，认知到另一个红色的新事实，而且这个事实是非物理的，玛莉新学到的是：看到红色是怎么一回事。贾克森据此推论，物理事实之外还有其他东西，所以物理主义是错的。

物理主义的强硬派当然就使尽浑身解数来反击杰克逊的论证，有些物理主义者认为，玛莉学到的并非世界的新事实，而只是获得了新的能力——玛莉就像色盲，由于突然痊愈了而开始能看到颜色，以前她必须问别人她的套头毛衣或对面的房子是什么颜色，现在她可以自己辨认了，她并没有学到任何新事实，现在不过是能够自己确认的事实比以前容易多了而已：不用再问别人，只要自己看一下就好了。不过这种能力真的是玛莉离开屋子后唯一获得的东西吗？她得到的难道不算是知识？她的新能力难道不是建立在这个知识上？

感官特质是知识吗？

其他的物理主义者认为，在离开屋子后，玛莉新认识到的并不是新事实，而不过是对已知事实的新视角。成熟的西红柿是红色的，这一点早在玛莉还住在黑白屋子里的时候就知道了，因为她能分析从西红柿反射出来的光的波长，并将之归入红色的光谱。她也已经知道，成熟西红柿的景象能在人类身上引发红色的颜色知觉，因为她知道，由成熟的西红柿引发的视网膜刺激模式，以及与之对应的大脑活动会明白无误地显示出红色的感官知觉。玛莉在离开屋子之前唯一不知道的，只是红色看起来是怎么回事，以及，红色的印象具有哪些感官特质，所以，玛莉不知道的只是，原来红色看起来是这样。然而这个“这样”并不是什么问题，只要把这个字换成一个描述，就没有那么神秘了。比如有人说，红西红柿的颜色看起来就像“法拉利 Testarossa 跑车的颜色”，那他说的就是玛莉在离开屋子前就已经知道的事，因为成熟的西红柿跟法拉利 Testarossa 跑车会在我们的大脑里唤起非常类似的颜色感觉样式，而且人们都用“红色”来指称这两种东西的颜色。

让我们更尖锐地突显这个问题：玛莉在离开屋子之前已经知道，红色的感觉印象具有红色的感官特质，毕竟所有人都这么说。然而一直到首度看到成熟的西红柿时，玛莉才明白，人们所说的“红色的感官特质”是什么意思。所以我们可以说，玛莉只在离开屋子之后，才真正理解“红色的感觉印象具有红色的感官特质”这句话。然而不理解的事，就不算是知道，所以玛莉还在房子里的时候不可能已经知道“红色的感觉印象具有红色的感官特质”这回事，那是她出来后才真正知道的，所以她确实学到了新的事实。不是吗？

接下来的思想实验让物理主义者陷入更深的困境，而且请了僵尸来帮忙。不过别怕，那是哲学上的僵尸，既不会凶残成性，看上去也不让人害怕。外表上他们跟正常人没有两样，完全可以当你的好邻居。

我的邻居是好僵尸

请想象一下，你待人亲切的邻居是僵尸，不过不是像你在电影里看过的那种的僵尸，而是哲学僵尸。在哲学里，我们用“僵尸”描述一种存在：他什么也经验不到、感受不到，但是行为上跟正常人完全相同。也就是说，僵尸的行为跟人类在任何细节上都没有分别，然而跟人类不同之处在于，僵尸没有内心世界。僵尸缺少了所谓的“现象状态”（phänomenale Zustände），专业上也称之为“感质”（Qualia）：他不知道吃巧克力、欣赏日落或者听贝多芬交响乐是怎么回事，尽管这些事他都做过了。

你能想象你亲切的好邻居是僵尸吗？你能完全排除这种可能性吗？

这种哲学僵尸的构想在20世纪70年代出现，透过澳洲哲学家查默斯（David Chalmers，1966年—）的论述而为人所知。查默斯被视为是世上最出色的意识哲学家，尽管他仍然认为，我们的意识是一个很大的、尚未解开的谜。直截了当地说，我们就是无法解释“体验”这回事。人虽然可以证明，特定有意识的经验跟特定的大脑活动有所关联，意即会一起出现，但是大脑的状态如何制造出有意识的体验，查默斯认为，是个难解的奥秘。

照查默斯的说法，物理论论者想用诡计除掉这个奥秘：他们宣称，有意识的体验不外乎就是大脑的状态，由此他们认定，愿望、感受与思想这类心智状态都可以由物理状态导出，就像从杯子中装满水分子这个事实里，可以推论出杯子里面有水那样。谁要是认识了分子结构与相关的自然法则，就能用逻辑论断，该物质是透明的流体。同样地，从对大脑的细部描述中，也能推断出这个人是否感觉疼痛。

就物理论论者的立场而言，正如前面已经提过的，要回答“心智如何成为行动的原因”这个问题非常简单，因为归根结底，所有心智状态都是物理状态，所以也都能制造因果效应。既然口渴的感觉并非精神性或非物质的，而根本是某种物理存在，意即某种大脑状态，那么这种口渴之感也就能促使我们移动身体，走到冰箱，拿起一罐饮料喝。这种简单的回答（而且不止于此）是物理主义观点非常吸引人的地方，然而这个观点也有弱点。

僵尸的例子就让物理论论者十分困扰。僵尸不只在行为上跟正常人没有差别（虽然他什么都感觉不到），他还拥有跟正常人相同的大脑状态，如果我们把僵尸的头盖骨切开，看到的会跟正常人的完全相同：你能测量脑的电流，也能辨识脉冲模式。唯一差别是，僵尸什么体验都没有，他的内心一片黑暗。这种假想乍看之下有点匪夷所思，不过问题是，这样的僵尸是否至少是可设想的，而且没有矛盾的。如果是的话，那么物理主义显然就是错的，因为他们宣称，心智程序不过是大脑程序，当杯子里有水分子时，那杯子里一定也有水。僵尸的大脑却像是一堆水分子的集合，但是却没有水，他有能运作的人脑，但是没有体验能力。如果你跟僵尸一起朝墙上撞，你脑中暴冲的神经元细胞跟僵尸的一样，但是只有你觉得头壳嗡嗡作响，僵尸却毫无感觉，毕竟他连自我都没有，也就谈不上任何体验。

精神是大脑的伴随现象

在大脑程序与人感受到的体验之间，如哲学家莱文（Joseph Levine，1952年—）所形容的，“解释环节上有个缺口”，不论你对大脑做出多么精确的描述，都没办法有逻辑地推论出人有什么感觉，也许神经科学有一天会找到精确的对应法则，能把大脑状态与人的体验联结起来，好比说“当神经纤维C有活动时，人会感觉疼痛”那样。可是这也不代表疼痛这回事就跟大脑的神经纤维C的活动完全等同，要有大脑状态才有疼痛，但是疼痛没办法化约成仅是大脑状态。

基于自然法则，精神层次的变化，一定有赖于物理层面的变化。也就是说，大脑无变动，精神一定也不变。然而这并不等于说，对人类的大脑进行完整的描述，就能有逻辑地推论出人是否感觉疼痛。疼痛之所以为疼痛，是因为具有特定的体验性质（Erlebnisqualität），而这种体验性质是无法完全描述的。你可以试试看，当你咬破胡椒子、听到货车从旁经过，或者轻轻摸着喉咙时，你能不能丝丝入扣地描述这些感觉。

僵尸的思想实验有其特殊之处，因为我们并不确知哲学僵尸究竟能不能被设想出来，如果可以设想，那物理主义就被推翻了。然而有的物理主义者主张，僵尸的构想是说不通的，就像说一个单身汉已婚一样地自相矛盾。然而查默斯认为僵尸之说可以成立，物理主义已被驳倒，不过哪一种意识理论才是最好的，查默斯却说自己也不太清楚。如此过了好长的一段时间，各门各派对此的讨论也已经到了极其复杂和钻牛角尖的地步。

查默斯一度支持19世纪时，赫胥黎（Thomas Henry Huxley，1825年—1895年）[①]的“伴随现象论”（Epiphänomenalismus）。依照这个理论，精神是大脑的伴随现象，意即只是个附带产物；精神状态是由大脑状态所产生的，但是精神本身却什么也不产生。伴随现象论就某种程度而言，是半个交互作用论，因为伴随现象论认为大脑影响精神，精神却不影响大脑。此说可以避开那个令人费解的问题——精神要如何把能量传给身体——因为这种影响根本不存在。然而这种解释也招来了另一个大问题：人的精神由此被贬低了，成了大脑控制的无用傀儡。伴随现象论论者认为人的心智不能促成任何动作，手臂举起来不是因为我们想要，而是因为大脑的活动，所以，我们意识里能感觉到的那个意志只是在蒙骗我们，让我们以为自己能控制身体，实际上我们的行动都是自发的，跟我们的心跳或消化系统类似。这种说法听起来非常不可信，然而又有什么别的说法可信呢？各个理论似乎都有其优点与缺陷。

下一个思想实验要介绍另一个很吸引人的观点：功能主义（Funktionalismus）。科幻小说迷会很高兴，因为牵涉到赛博格

① 19世纪英国生物学家，支持达尔文的进化论，《美丽新世界》（Brave New World，1932年）的作者赫胥黎（Aldous Huxley，1894-1963）为其孙。——译者注

（Cyborg），也就是一半是人、一半是机器的生物机器人。我们关注的问题是：未来的机器人能不能拥有思想、情感跟愿望。

◎ 大脑义肢

请想象一下，你大脑里的神经细胞正一个接一个地被非常微小的硅芯片取代。渐渐你的大脑大部分都是硅做的了，就像一台电脑。而每一块芯片所负担的，都是原来那条神经细胞的功能，所以大脑的运作会跟原来完全一样，只不过不是基于生物组织。

你的大脑使用了跟计算机一样的硬件。这样会发生什么事？会一切突然变黑吗？再也没有嗅觉、没有感觉了吗？如果是这样，那么什么时候会发生？是在芯片取代第一条神经细胞时就如此吗？还是直到换了第一百万条时才出现？意识会渐渐消逝吗？还是一切如常，根本什么问题都没有？

假如一切毫无改变，那么问题来了：机器人也可以有情感吗？

这个思想实验来自瑟尔（John Searle，1932年—），当代极富影响力的意识哲学家与语言哲学家。他想传达的理念很简单：我们的大脑由一千亿条神经细胞构成，每一条神经细胞都有特定的功能；当受到邻近的神经细胞足够强的电流刺激，就会把这个刺激传导下去。所以，我们可以制造微芯片，一块极其微小的电路，来执行跟神经细胞完全一样的功能。这个芯片在接受特定输入时，能做出跟神经细胞完全一样的输出，所以这个芯片能扮演跟神经细胞相同的因果环节，具有相同的功能。现在的问题是：如果只有一条神经细胞被换成芯片，你意识内的体验会发生什么事？在换到第一百万条神经元之后，你会有何感觉？你的体验特质会渐渐褪色吗？还是有个别部门会被关闭？比如颜色知觉？你的行为会不会有什么变化？

不过基本上，就算你的整个大脑都被芯片取代，一切也应该都跟原来一样，毕竟这些小小的控制组件负担的就是原先神经细胞所具有的功能，所以整个大脑应该也能进行与先前相同的功能。只是大脑的硬件换了，那么软件应该能毫无障碍地继续运行才是。

在微芯片取代了所有神经细胞之后，你现在是个生物机器人了，一半是人，一半是机器。你的脑换成了硬盘，那你有什么感觉呢？如果你说“完全一样啊”，那你就是一个功能论论者。功能论是20世纪60年代由普特南与福多尔（Jerry Fodor，1935年—）提出来的，基本论题是，人的心智状态是由其功能来定义的。一个心智状态，比如恐惧，定义就是“一个人害怕某对象、闪避某对象，以及遇到的时候会发抖”。像恐惧这样的心智状态，让我们在有特定输入的时候，能以特定输出做出反应，比如看到蛇就会发抖及躲开。至于这个功能在物理上如何实现，是无所谓的。所以功能论论者提出心智状态的“多重可实现性”（multiplen Realisierbarkeit）的说法：同一套软件可以在任意一套硬件上执行。如果机器人可以被打造成看到蛇会发抖与逃跑，那我们就知道，机器人怕蛇。因为它的行为跟我们人类害怕的时候一模一样。简言之，只要机器人的行为跟我们人类完全一样，那它就拥有跟人类相同的心智状态：有思想、有愿望跟情感，一样不缺。

如果你认为这不可能，那你应该要能指出，在芯片取代神经细胞的思想实验里，什么时候人的意识会消失，以及为什么。为什么精神需要生物的基础？为什么人工的硬件，假使它执行跟神经细胞相同的功能，也不足以承担一个精神的存在？

接下来的思想实验想要指出，即便是最好的计算机，也不能拥有思想。国际象棋计算机虽然比人更会下棋，但是它根本不理解自己在做什么；同样的说法也适用于语言计算机：你可以跟它聊天，但是它什么也不了解，不管是最简单的还是最困难的内容。

◎ 中文房间

请想象一下，你一觉醒来，发现自己所在的房间堆满了篓子，篓子里全是些中文符号。此外你还发现一本看起来像是使用手册的书。突然间有人从门缝递了一张用中文写的讯息进来，你一个字也看不懂。然后你翻看手册（这你看得懂），发现里面记载了这样的规则：当你收到这个中文符号，就要把另一个特定的中文符号送出去。于是你在篓子里找到那个符号，并把它送了出去。接着外面又传了下一个符号进来。就这样你越来越熟练，几乎把整本使用手册记到脑子里了。你现在不管收到什么符号，都知道要把哪个符号传出去。

当然你是看不懂中文的，不过，你所做的跟懂中文的人没有两样。房间外面的人会相信你是完全了解中文的人。

这个情境可以拿来跟计算机程序做比较：使用手册是软件，你是硬件，就像你其实不懂中文一样，计算机同样也不懂中文，即便如此，它却总是可以适当地回答中文的问题，思考与理解不过只是依照正确的规则来运用语言符号那么简单，这就是此实验所主张的论题。不过这样正确吗？计算机真的永远不能思考吗？如果未来的机器人无论在行为还是语言沟通上都跟人类完全一样，你要怎么说？依照英国逻辑科学家图灵（Alan Turing，1912年—1954年）所发明的“图灵测验”来看，如果人可以跟计算机像跟人类一样地沟通无碍，或者更准确地说：如果人无法分辨他正在跟人还是计算机谈话，那这部计算机就算是会思考。所以如果你跟账号 Daisy_81 聊了两个小时，却没有发现其所做的回答跟发出的问题，都不是出自一个人，而是来自计算机程序，那这个程序就通过了图灵测验：这部计算机可以思考。这就是图灵提出的论题。

瑟尔认为这个论题不值一提：他相信中文房间的思想实验已经推翻了图灵的说法；正确的符号使用还不能算是理解，如同这个思想实验所指出的，所以功能主义被驳倒了。像思考或理解这样的心智程序，瑟尔认为，不能仅由其功能来界定；机器人可以像我们的心智一样地应对，但即便如此也不具有意识，也没有思考或理解的能力，情感那就更谈不上了。

现在让我们用机器人来逼问瑟尔：请想象这个中文房间是巨大机器人的驾驶舱，这个机器人能通过摄影机辨识环境并走动，你现在就坐在驾驶舱里，操控着机器人在北京到处走动。在驾驶座上，你的眼前有枝操纵杆，旁边有台电脑，屏幕上显示着机器人的摄影机捕捉到的画面。你看到街上有中文的告示牌，听到周遭的人们所说的话，也能让机器人依照目的执行动作。

有个中国人对你大喊："You zhuan！"这你听不懂，但是在翻看手册后，你知道在听到"You zhuan！"的时候，应该把操纵杆摆向右边，于是你就照作了，并且发现，机器人真的向右转了。所以"You zhuan！"极有可能就是"向右转"的意思，事实上"You zhuan！"在中文里确确实实地表示"右转"。所以你不但执行了这个命令，而且似乎也了解了它的意思，因为你看到操纵杆向右打之后发生了什么事。

现在你在屏幕上看到前方不远处有一条奇特的、长长的东西，因为你不知道那是什么，于是就再度翻查了手册。手册上在相应的图片旁记载着，你应该在监控计算机里输入“Long”，并按下“送出”键。照做之后，你听到机器人发出深沉的声音说：“Long。”接着机器人周围的所有人就都拍手了。为什么？因为在你前方那条又长又奇怪的东西，正是一条龙。“Long”就是中文中“龙”的发音。这样一来，拜这本手册之赐，你仿佛能辨认出中国的龙，并且说出正确的名称。

于是你学到中国的龙长什么模样，还知道“Long”是龙的意思，以及“You zhuan！”就是“向右转”。虽然你只是按照手册操作机器人，而且一开始一个中文字都不认识，但是现在你确实学到一点东西了。不是吗？也许光是语言计算机确实不能了解任何东西，但是能够走动、执行命令以及认知环境的机器人呢？

环境是下一个思想实验的主题。许多日常信息我们并不是记在脑子里，而是靠行事历、记事本以及智能手机等在我们之外的工具来保存。下面这个思想实验想要指出，我们的精神不只住在头颅之内，也住在外部的世界中。

◎ 智能手机里的心智

你遗失过你的智能手机吗？包括所有电话号码、行事历，以及短信也跟着消失了？你感觉如何？会不会觉得有一部分的自我也跟着不见了？

请想象一下，你的智能手机被植入了你的大脑之中，现在你不用手，光靠思想就能取得手机上的信息，所以你不用再在手机联系人列表里找电话号码，只要在脑袋里找就好了。以前被存在智能手机里的信息，现在成了完全私人的知识，只要你的手机连上网络，你立刻就能知道报纸上与维基百科上记载的一切。简单说，你变成了一个无所不知的天才。

不过，等一下：在手机植入之前，你不就已经无所不知了吗？智能手机放在脑里跟拿在手上到底有什么不同？你随时能取得数据才是重点。也许你的心智不只存在于大脑里，也存在于你的智能手机中。

这个思想实验来自克拉克（Andy Clark，1957年—）与查默斯两位哲学家，他们借此想为“外部心智”（Extended Mind）理论提供论据。这个理论是说，我们的心智不只存在于脑里，也存在于我们的周遭——在笔记本里、行事历里，以及智能手机里，简言之，在我们所有的记事媒介及查询工具里：我们的部分心智并非存于脑中，而是在外面某处。

我们不只用大脑思考，这件事其实很容易证明，稍大一点的小孩就会用手来算数，会用手指完成4加5的计算，他们算数时甚至无法不用手，不过我们仍然可以说，这些小孩的的确确知道4加5等于9。有些成人计算时不只需要手，还需要纸笔，才能算出比如346加231减76是多少。我们使用各式各样的辅助工具，来减轻头脑的负担；在手帕上打结、把约好的日期写进行事历、把电话号码记在手机里，也在维基百科里查询数据。

请想象一位阿尔茨海默症患者，他已丧失了所有的长期记忆，现在他把应该记住的事情都写在随身的笔记本上，比如“我住在席勒街22号”或者“我的女朋友叫卡拉”。一般我们记在脑里的东西，他都记入笔记本里，以便随时查询，就像我们查询记忆一样。你会不会认为，这位阿尔茨海默症患者对记在笔记本里的事情都一无所知？还是他只知道重要的事情都在笔记本里，让他需要的时候可以查询？可是我们这些记忆力正常运作的人，难道不也知道重要的事情都在记忆里，需要的时候只要回想就好？也许你会反驳：但是阿尔茨海默症患者的笔记本是可以被抢走的。确实如此。不过人的脑袋也可以被切开，包含记忆的那块组织也可以用手术切除，当然这比抢笔记本来的麻烦一点，但还是可以设想的。

心智与记忆的外部延续

让我们回到上述智能手机的思想实验，假设有人把你的智能手机植入你的大脑，现在你光靠回想就能取得手机上的信息。想象一下，这下你多知道了多少东西！全部的电话号码都背起来了，所有约定的日期都记在脑中，维基百科上全部条目都能直接召唤到脑海里。没有人会否认你真的知道这些信息，都会以为这些信息是你心智的一部分。可是当手机再度从脑中开刀拿出来后，你又得重新用手来查询数据，大家就会改说这些信息并不属于你的心智，那不是你知道的东西。很奇怪吧？

克拉克与查默斯相信，我们没有足够的理由区分这两种情况。因此他们主张，如果说有些程序与信息在我们的脑中进行时，会被视为我们心智的一部分，那么这些过程与信息即便在我们之外进行，也同样应该被视为心智的一部分。唯一的条件是，这些信息必须经过我们的消化，也必须维持在一查就找得到的状态，就像那位阿尔茨海默症患者写在笔记本里的信息一样。

法国作家普鲁斯特（Marcel Proust，1871年—1922年）在其巨著《追忆似水年华》（A la recherche du temps perdu，1913年—1927年）里说："所以我们记忆最美好的部分乃在我们身外，存在于带雨点的一丝微风吹拂之中，存在于一间卧房发霉的味道之中，或存在于第一个火苗的气味之中，在凡是我们的头脑没有加以思考，不屑于加以记忆，可是我们自己追寻到了的地方。这是往日的最后留存，也是最美妙的部分，到了我们的泪水似乎已完全枯竭的时候，它仍能叫我们流下热泪。”[①]有时候我们得听到一首老歌，才能想起已经失去的友人，或者我们得重返小时候长大的地方，才能记起童年的时光。我们许多的记忆都是被埋藏起来的，需要正确的环境才能重新使之鲜活，因此普鲁斯特认为，我们部分的记忆存活在我们之外。

我们的心智从哪里开始，又在哪里结束，实在没有这么容易界定。人类并非独立存在的灵魂，而是血肉组成、有形有体的生物。我们把身边的人放在心里，也对生活环境做如此安排，以至于环境也成了自我的一部分。

---

① 译文引自普鲁斯特著《追忆似水年华》第二部《在少女们身旁》，桂裕芳、袁树仁译，上海译林出版社，1990年。见书中“第二卷 地名：地方”开头处。译文经少许调整。——译者注

上帝与信仰

假设所有的运动都有其推动者，世界上最早的第一起运动，究竟是谁推动的?

安塞尔姆/上帝是可设想的最高存在
阿奎那/上帝是不被推动的推动者
帕斯卡/相信上帝是最明智的计算
费尔巴哈/上帝是人类的心理投射
罗素/没有被否证不代表被证明

你曾经仰望夜空，质疑我们究竟为了什么存在于地球上吗？我们的生命是否有意义？宇宙又是如何产生的？

许多人认为生命是无意义的、不可想象的，他们感到孤独、失落，觉得自己在这个冰冷无垠的宇宙里十分多余。因此他们相信，用他们的话来说是“某种更高的存在”“更高的力量”或者直接相信神；这种信仰给生命创造了意义，给予他们支持、归属感与信念。他们就此安全了。一切都会好的。感谢主。

许多怀有信仰的人认为，上帝的存在虽然无法证明，然而也无可争辩。信仰并不是知识，而是无须理由就能认可的真实，然而既然人们无法证实信仰的反面，即不能证实上帝不存在，那么人就可以自己决定，要不要信仰上帝。对上帝的信仰究竟说来也就是观点问题，人们可以无休止地讨论，然而以理性的方式是找不到解决办法的。这些人如此认为。

但不是所有人都这么看，今天仍然有人想用证明来支持自己的信仰，也还有人以上帝之名双手染血；如果上帝存在与否只是观点问题，那么他们就不应该做出这种事。

哲学从古代就参与了信仰的讨论，有些哲学家曾经试着以理性论证来证明上帝的存在，另一些哲学家则试着证明上帝不存在。还有的哲学家认为，我们应该信仰上帝，即便我们不能证明他的存在；最后又有一派哲学家主张，我们不该信仰上帝，即便我们不能证明上帝不存在。

在这一章里，我们要更仔细一点观察这些论证与思想游戏，好让我们为之后“上帝与世界”的讨论有更好的准备。现在就直接切入所谓的上帝存在论证。

◎ 可设想的最高存在

请舒服地躺进椅子里，深呼吸，集中你心智的力量。好了吗？那请你尽一切思考能力，设想一个最高、最善也最强大的存在，这个完美的存在我们现在称之为上帝。因为如果上帝不是一切存在中最聪明、最强大也最善良的，那该是什么呢？所以上帝就是这样一种存在：比他更伟大、更好是不可想象的。

现在精彩的部分来了：你怎么设想这个最完美的存在？是实际存在着，还是并未实际存在？一定是实际存在着吧。因为不实际存在的东西就几乎不可能是最好也最高的，而只是幻影罢了。所以，实际存在这一点，必然属于那最高的存有，就好像单身汉的概念必然包含未婚状态，同样地，上帝的概念也必然包含上帝存在。

让我们总结一下：上帝是可设想的最高存在。对这个可设想的最高存在来说，其实际存在必然被包括在内。所以上帝存在。

这个既简单又让人讶异的上帝存在论证出自11世纪的哲学家，坎特伯雷的安塞尔姆（Anselm von Canterbury，1033年—1109年），他的原籍是意大利，后来在英格兰成为主教。许多哲学家为他这个上帝论证想破了脑袋，确实我们很难不怀疑这里面耍了诡计，但是准确说来诡计究竟在哪里呢？论证中的哪个步骤是错的？还是其实每一步都正确？

首先有人可以反对把上帝定义为“我们无法设想比他更崇高的存在”，因为上帝超越了我们的理性与想象力，我们不可以让他的崇高受限于我们的思想能力。这样说也没错，可是绝大多数的信徒难道不会同意上帝是无条件的最高存在吗？如果你觉得这个定义较好，那就采用这个。对这个上帝论证来说，上帝是“可设想最高的”还是“一切可能最高的”存在，都没有影响。重点在于他在最顶端，不过安塞尔姆的上帝论证还有其他的狡猾之处。

启蒙时代的著名哲学家康德曾深入地探讨过安塞尔姆的上帝论证，并对他提出激烈的批判，康德指责，从上帝概念并不能推论出上帝的实际存在。但是安塞尔姆的论证就是这么做的，这也是为什么这个论证被称为存有论（Ontologie）的上帝论证（古希腊文 on 表达“存有者”）。所以它的错误在于：从最高存有的想象或概念里跨了出去，跨到对其实际存在的认定了。康德认为，光是想象事物存在，并不能由此推论该事物就真的存在，不然的话谁都可以想象100万欧元，并认定这些钱真实存在，这样我们就一秒变有钱人了。

实际存在是属性吗？

不过等一等：上帝的情况跟一百万欧元并不一样。上帝必须存在，安塞尔姆会说，上帝根本没有别的选项。不实际存在的最高存有就不算是最高的存有者了，也就不是上帝。“实际存在”是上帝必然具备的性质，属于其存有本身。因为我们无法在想到上帝时，不同时想到他的实际存在。相反地，我们可以想象一百万欧元，但无须设想真的有这些钱。在这个脉络下，保险柜里的一百万欧元就像独角兽：我们能想象独角兽，但不必然认为真的有这种动物。反之，安塞尔姆认为，我们只有在认为上帝真的存在的同时，才能设想上帝。不过这样对吗？实际存在真的是上帝必然的属性吗？实际存在之属于上帝，真的等同未婚状态之属于单身汉的概念吗？“上帝不存在”这个说法，真的跟说“保罗是结了婚的光棍”一样荒谬吗？

首先必须说的是：如果“完美”概念就包含“实际存在”在内，那么完美的雨伞跟完美的网球比赛也必定实际存在，因为这两者都是我们能想象的事物，就像完美的存在一样。这种反驳最早由马尔穆热的高尼洛（Gaunilo von Marmoutiers）提出，他是与坎特伯雷的安塞尔姆同时代的僧侣。高尼洛的说法是，如果完美概念包含实际存在，那么完美的岛屿也必定实际存在，因为这也是可设想的。

康德用更犀利的方式陈述了这种反驳，他认为，“实际存在”根本不是属性，跟事物的大小或颜色是两回事。人可以描述物体，比如说它是圆形的、坚硬的与黄色的。但是如果有人说，这个圆形的、坚硬的黄色物体也实际存在，那他根本没有给这物体加上什么属性，他并未缩小这种描述所可以适用的范围，但是其他任何的条件——圆形的、坚硬的与黄色的——都使这个描述可以适用的范围变小，但是加上“实际存在”却并不会，除非你认为也有一些物体是不实际存在的。比如说有人认为网球分成实际存在与不实际存在的两种，后一种虽然手摸不着，但是可以被设想，那么实际存在的网球这种类别，比一切可设想的网球这种类别要小，“实际存在”就成了一种属性，只适用于特定范围的网球，即只限于实际存在的那些，而不适用于所有其他可能的网球。奥地利哲学家迈农（Alexius Meinong，1853年—1920年）就是采取这种立场。他认为存在一切可能的事物，不实际存在的事物亦被包括在内。对康德而言，这不是可以认真看待的选项，因为什么叫作有一个并不实际存在的东西？如果有一个我的话，那我一定实际存在。反之亦然。

总结而言，我们可以说：既然“实际存在”在康德的眼里根本不算属性，那就不会是必然的属性。所以谁若是说，实际存在包含在上帝概念之内，并因此是上帝概念中必然的属性，那他就不懂得该怎么使用该概念，他的上帝概念必然也稀松平常得很。

于是安塞尔姆的“存有论的上帝论证”看来是个错误的推论，不过这还不表示“上帝存在论证”的整体计划已经失败，还有其他人尝试用理性论述来证明上帝的存在，让我们仔细看下面这则宇宙论的上帝论证。

◎ 上帝——这颗绊脚的石头

请想象一张撞球桌。桌上有一颗撞球。撞球没有动，而是静静地停在桌上一处。可是你看！那球突然动了，自己动的，不是因为被另一颗撞球撞到。你不敢相信自己的眼睛，是有人把透明的线固定在球上，用这种办法让球移动了吗？但是这里根本没有别人。还是撞球内部被装上了动力，一个小马达？你拿斧头把这颗撞球劈开，看来看去：没有马达。什么都没有。

为什么这起事件这样令人目瞪口呆？不靠外力跟内部动力自己就这么开始滚动的撞球有什么了不起？“这怎么可能！”

你会说。这样的事件不只违背我们的日常经验，而且还违反我们的理性！毕竟一切都要有个原因，事情不会自己就这样发生。最后一张骨牌倒下，是因为被前一张撞倒，而第一张骨牌之所以会倒下，是因为你用手去推。

每个运动都要有推动者。不过这样说来，世界上最早、最早的第一起运动，究竟是谁推的？

也许你现在会问：这跟上帝有什么关系？是这样的：我们的世界里有各种运动：树木会长高，行星会运转，宇宙也不断向外扩张。然而这一切是怎么开始的？最早的第一个运动如何进入世界？是自己发生的吗？这行不通，因为没有任何事物的原因是他自己，那是通过世界上其他某个东西吗？这也不行，因为那样一来，这个运动就不会是一切最早的运动了。然而一切最早的运动必须存在，不然的话就不会有任何运动出现，毕竟一切都有个开端。那也许这第一个原因存在于世界之外？那一定只能如此了。在世界之外存在一个最初的推动者，而这个推动者我们称之为上帝——所以：上帝存在！

“宇宙论的上帝论证”出现过好几个不同版本，最早可追溯到古代的柏拉图与亚里士多德，以及中世纪最著名的哲学家阿奎那（Thomas von Aquin，1225年—1274年），也是亚里士多德著名的追随者。阿奎那提出的版本大概是最清楚的，这个论证可以用三行来总结：

> 一、世界在运动中。
>
> 二、一切被推动者都是被其他某物推动的。
>
> ---
>
> 三、所以：世界之外必然有个推动者。

阿奎那想要指出的是，如果不接受上帝存在的认定，就根本不能解释世界的运动与变动，就像不靠外力自己就滚动的撞球一样地无法理解，事件并不会自动发生，而是必然由作为原因的其他事件所促成。这个原则适用于一切的事件，但是为什么事件的原因串行不能无限地延伸下去？阿奎那认为，一个无限长的原因序列就等于永远不曾开始，因为其开端被永恒地往前推延了，好比说，如果你打算打扫家里，但是一直推迟到明天再做，那某一天你就会被垃圾淹没。如果原因序列是无限长的话，世界虽然不会变成垃圾堆，但是将不会发生任何变化。但既然世界有变化，我们就必须假设，这个原因的序列不是无限长，而是在某个时候曾经有个开端。我们必须假设有这样一个原因存在，其自身不靠任何其他原因而存在：一个早于一切的原因。原初的、不被推动的推动者——上帝。

上帝并没有解决谜团

宇宙论的上帝存在论证有悠久的传统，但是也让许多聪明的脑袋陷入绝望。一方面，为什么无休止的原因序列被认为将什么也不能促成，这一点并不明朗。如果事出必有因，而事件与事件的序列无限地回溯到过去，会有什么问题？为什么非要有最后的原因不可？用一张想象图来说明：有一列无限长的火车，由无限多节车厢串成，每节车厢拉动下一节车厢，本身又被前一节车厢拉动。可是在最前面某处总该有个火车头来拉动第一节车厢吧？那假设车厢走成一个圆形，第一节车厢被挂在最后一节车厢的尾巴上——这样我们也算是有一个无限长的圆形线条了。那样的话，所有车厢不会静止不动吗？可是如果所有车厢已经处于运动之中，而且摩擦力为零呢？

另一个令人费解的地方是，一个本身不被推动也不变化的上帝如何能推动其他东西。亚里士多德解决过这个问题：他认为，上帝仅仅依靠其存在就能推动万物，就像备受敬爱的典范，而世界试着企及他；上帝什么也不做，仅仅是存在着，其他一切则努力追求他。

但是还剩下一个问题：如果上帝从无到有创造了世界，那么谁创造了上帝？回答一：上帝创造了自己；回答二：上帝是永恒的。但是这两个回答同样适用于世界：世界是由自己创造的，或者自永恒以来世界就一直存在。在世界的开端前设定上帝的存在，似乎只是拖延问题而已，因为跟世界的诞生比起来，上帝诞生的谜团并没有比较小。

◎ 上帝与瑞士钟表匠

请想象一下，你搁浅在偏僻的岛屿上，在寻找饮水与食物的过程中，突然被地上的一座日晷绊倒。所以这个岛上一定有人，或者至少曾经住过人，因为只有人类能制造出日晷，这种有其功能的东西不会偶然产生。但是那个造了日晷的人躲在哪里呢？

现在请你想象，你是外星人，从非常遥远的星球来到地球。你正在寻找较为高等的、与你能力相当的生物，但是到处只见绿色植被及动物。有些动物看起来比其他的聪明一点：他们用钢筋水泥制造巢穴，开着有轮子的金属箱子在区域内移动，大多时候都对着一个贴在耳朵上的、又小又薄的器具哇啦哇啦地吐着无法理解的噪音。既然你从未见过“人类”这种生物，你就对他们做了更仔细一点的观察。你简直惊呆了。光是眼睛就太厉害了。一个如此复杂的器官，即便在最小的细节处也呈现完美的设计。还有那大脑！太不可思议了。这个“人类”是一部如此繁复的机器，几乎所有零件都彼此准确配合，比最出色的瑞士钟表还精密。这不可能是偶然产生的，你这么想。一定有人制造了这些人类。这时你也注意到地球上美丽的大自然，以及其中完美安排的循环：蜜蜂采蜜的同时会给花授粉。

这大自然的设计太聪明了！一定是出于某个犀利的工匠之手，你这么想。你非常高兴，自己不是宇宙中唯一高等的生物。这个工匠必定非常巨大，而且极端聪明。但是他现在躲在哪里呢？

这个日晷的思想实验来自佩利（William Paley，1743年—1805年），18世纪的英国神学家。然而其中呈现的“目的论的上帝存在论证”（目的论Teleologie一词来自古希腊文 telos，意指目的）却有更古老的历史，早在13世纪阿奎那就已经提过，这个构想本身则可能跟人类文化同样古老。从远古开始人类就对大自然的美丽与复杂感到着迷，人类与大自然是如此精细与复杂的存在，的确值得惊叹。我们呼吸的氧气由植物产生，树木由牛羊的排泄物获得滋养，花朵靠蜜蜂的帮助得以繁衍。即便在生物体的内部，也同样有精密且彼此配合的机制：一颗微小的精子与卵子能生成一个小小的人，而且具备人应该有的一切部分，每个部分都各司其职、互相合作。如果拿走其中一个部分，比如肺脏或视神经，我们就会窒息或者目盲。就像机械钟表，如果拿走一个小齿轮，钟表就停止不动了。

目的论的上帝论证宣称：大自然如此复杂，不可能是偶然生成的，那就像说蒙娜丽莎的画像根本不是由画笔所绘，而是由四桶颜料泼洒出来时意外产生的一样荒谬。这种偶然产生的方式虽然理论上不能完全排除，但确实极不可能，但是认为蒙娜丽莎是由一个懂绘画的人所绘成，则是十分可信的说法。这个论证指出，我们称之为世界的这个艺术品也适用相同的论述。把这个作品的产生归于偶然，虽然也是有可能的，但是可信度极低。因为像眼睛如此繁复的器官，如果其产生是纯粹出于偶然，是令人难以置信的。远远更有说服力的说法是，睿智的上帝把世界安排成它现在的模样，上帝的存在虽然无法用严密的逻辑予以证明，但是目的论证的假说对这个世界的复杂程度而言是最好的解释。起码，比偶然说好太多了。

自然选择淘汰上帝

好几年前，这套理论再度以“智能设计”（Intelligent Design）的说法出现在世人面前，其捍卫者宣称，解释世界的复杂性的最好办法，就是设想有智慧的世界设计者存在，当然，这个设计者不外乎就是上帝。这套理论首要反对的是演化理论，后者尝试用偶然与天择来解释世界的复杂状态：物种有偶然变异的现象，较不适合生存的变种会被淘汰；因此生物随着时间会越来越适应其生存环境。所以人类不需要上帝就能解释世界何以如此复杂。在存有问题上，演化论认为精简原则要优先适用：除非解释上非如此需要不可，否则我们不应该认定任何对象乃至于任何神明的存在。这种解释的精简原则也被称作奥卡姆的剃刀，因为最早是由中世纪的哲学家奥卡姆的威廉（William von Ockham，1285年—1349年）所提出来的，他认为，如果事物被设定为不存在也可行的话，那么就不应该认定其存在。如果认真运用此一原则，则亲爱的上帝也会惨遭这把奥卡姆剃刀的毒手，所剩的只是达尔文（Charles Darwin，1809年—1882年）主张的偶然性与自然选择，以及极其漫长的时间。演化论论者认为这些就够了。

这三大上帝存在论证都夹带了诡论，不过也许并没有那么糟糕。因为，我们真的需要先证明上帝的存在，才有充足理由来信仰他吗？答案是否定的。至少接下来的这个论证做出了这样的推论：如果你是个崇尚理性的人，也关心你的幸福的话，那你就应该信仰上帝。

◎ 帕斯卡的赌注论证

假设我们既无法证明上帝存在，也无法证明上帝不存在。但是你心里还是想着：我应该相信有上帝还是没有上帝呢？答案是，你应该相信有上帝。因为，假如你相信上帝，那么只要上帝真的存在，那么你在来生里将享有永恒的幸福。假如结果是你弄错了，并没有上帝，结果也只是你在此世少了一点乐趣，但不会有多大的坏处。但是假如你不相信上帝，但是真的有上帝的话，那么尽管你在此世多了一点乐趣，但是死后将永恒地在地狱里煎熬。

所以，如果你是理性的话，那你就应该相信上帝。快去相信他吧。

这个论证来自17世纪法国数学家与哲学家帕斯卡（Blaise Pascal，1623年—1662年），这个论证的思路并不那么容易领会，而且有不少预设背景。首先帕斯卡的基本设定是，不信上帝的人在此生比信仰者过得更有乐趣。这个不难明白：十诫给我们施加的限制可不小。还有七宗罪的诫令也是如此，只要想想淫欲、暴食跟懒惰这三条就好。此外帕斯卡还认定，不信上帝的人在死后会因为不信神与其他罪过遭受惩罚，必将忍受煎熬，刑期直到永恒。最后，帕斯卡还预设，如果没有上帝，那么死亡就是生命的终结，没有死后的世界可言。我们可以用以下的表格来厘清：

	上帝存在	上帝不存在
你相信上帝	此生有限的痛苦 死后享永恒的幸福 总和：无限的幸福	此生有限的痛苦 死后化为虚无 总和：有限的痛苦
你不相信上帝	此生有限的幸福 死后无限的痛苦 总和：无限的痛苦	此生有限的幸福 死后化为虚无 总和：有限的幸福

要是你相信上帝，你就有机会获得幸福，比不相信上帝的结果要

好得多。所以，如果你愿意为自己谋最大的福利，那你就应该尽快去信仰上帝，假如你尚未这么做的话。就算上帝的存在概率非常小也是一样，就算上帝不存在的概率比存在大一千倍，相信上帝仍然是最明智的计算。请不要低估死后的世界是永恒的！在地狱里哪怕只待一天也是度日如年。

不过就算我们接受帕斯卡的这些基本认定，他的论证还是有瑕疵。因为帕斯卡好像以为，要不要相信上帝，是我们可以决定的事，就像决定要不要去室内游泳池游泳那样简单。可是信仰似乎不是这么回事。如果你知道相信某事会让你过得更好，你能就此相信这件事吗？比如说，如果你知道，只要相信每天都是晴天、所有人都喜欢你、世界上没有贫困，很可能你真的就会满心欢喜。但这是行不通的。你所怀抱的愿望，改变不了你确定的信念，如果能的话那未免也太美好了。比如你吞下安慰剂，并让自己相信那是真的药，然后病就好了。可是如果病人知道那只是安慰剂，怎么可能还会有效呢？安慰剂只对那些以为吃了真药的人有效。

我们愿意相信的，并不是对我们最有益的事，而是真实的事。尽管有时人们会自我欺骗，比如相信自家小孩是最漂亮、最聪明的，或者以为最爱的人会深刻地了解我们。这种自我欺骗十分常见，原因不外乎这么相信能让我们愉快，然而我们无法有意识地决定是否相信这些。

◎ 道德的拐杖

请想象一下，有这么一个无所不知的存在，监视你所走的每一步路，以及你心中的每一个念头。老大哥在看着你！当你在书报摊上顺手摸走一包口香糖，或者对朋友撒谎，这位全知者都会看在眼里。而且你会因此受到惩罚！如果真有这么一个全知者存在，你会比较少逾越道德界线吗？如果大家都相信有全知者存在，世界会不会变得更好？

这个思想实验最早大概可以追溯到古希腊智士与政治家克利提亚斯（Kritias，公元前460年—公元前403年）。他认为，神明不外乎是智者想出来的聪明办法。意思是说，神明是政治伸出来的手臂，用宗教手段实现的政治延伸。因为城邦的法律与执法者无法阻挡人们在暗地里做出不义之事，但是神明管得到。如果人们在一切作为与念头上都觉得被监督，也会害怕受罚，那么即便在不受他人控管时，人们也还是会遵守法律。

顺着这个理论，康德提出的版本较为软弱无力。康德认为，信仰会强化我们的道德行为。因为在我们的世界里，好人不一定总是有好报，坏人也不一定被惩罚，好人常常是个笨蛋：被利用完后就被抛弃。保持良好道德常常划不来，至少我们在地球上的此生是如此。我们唯一能期待的，是死后的世界会不一样。康德认为，因为道德，我们可以寄望灵魂在死后继续存活，并且得到与我们的善行相当的报偿。值得幸福的人在彼岸将是幸福的，上帝会让此事实现。至少我们如此希望。

当然，这不是上帝存在的好论证。如果我们相信有上帝，就会有更好的道德行为，这并不能证明上帝存在。我们对小孩讲美好的童话，能让小孩睡得更香甜，但这也不能让童话更真实。此外也没有实际的证据可以证明，有信仰就会变成更好的人。

◎ 帮超人辩护

请举出人类一切值得赞赏的特质，并想象这些特质无限倍的总和。现在请想象有一个存在将这一切都包含其中。我们设想的上帝差不多就是这样：他是万能、全善与全知的存在，超乎一切的强大，超乎一切的善良，也超乎一切的睿智。人们在这个超人的庇护伞下过着安全、无忧无虑、有归属感的生活，就像在温暖、提供保护的屋顶下。

可惜这个说法也有个困难之处。如果上帝真的存在，那么他似乎是个非常马虎敷衍的人。毕竟我们的世界充满了战争、自然灾害、疾病、痛苦与不义。这些上帝都没看到吗？那他就不是全知的。他看到但觉得无所谓吗？那他就不是全善的。还是他看到也在乎，但是爱莫能助？那他就不是万能的。

所以，上帝需要超强律师来帮他辩护，帮他解释这一切的恶皆是有道理的。

上帝就是人所希望成为的典范。这个论题来自德国哲学家与宗教批判者费尔巴哈（Ludwig Feuerbach，1804年—1872年），他认为，上帝是人类的心理投射：是一种幻想的产物，含有人类渴望成为的一切。上帝是理想的自我，所以上帝在一切面向上都是完美的，而且永恒不朽。

在西方历史上，神学家与哲学家一再赋予上帝三种典型的特质：万能、全善与全知。但是这些特质产生了好些问题，光是万能这一项就制造了不少谜团，因为好事的人会问：万能的上帝能创造一块沉重的石头，重到连他自己都举不起来吗？假设他造了这样的石头，那这不就抵消了他自己的万能吗？那他还算是上帝吗？还是这块石头不合情理，就像三个角的四方形？

产生问题的不只上帝的万能，他的全知也不是毫无疑问。因为，那你如何还能是自由的，如果他今天已经知道你明天会做什么？对此有人提出聪明的回答：你的行为并不会因为有人事先知道，就因此是不自由的。好比你知道朋友什么时候会给你庆生，不用说就是在你生日那天。然而朋友的祝福，并不因为你事先知情而成为预先决定的、不自由的行动，事先知情跟预先决定并不能画上等号。上帝知道事情将如何发生，但是事情并不是因为上帝的预先知情才发生的。上帝能看见时间的全景，“过去、现在与未来”在面前展开，就像当我们看到时间的线段从过去往现在延伸而来，上头标记着“1989年——柏林围墙倒塌”。我们知道当时所发生的，但是那些事并不是因为我们现在知道才发生的。

撒旦为何存在

除了这些可大可小的严肃困境，上帝的万能、全善与全知还有其他也很难说得通的地方，那就是世界上的痛苦与不义。上帝似乎要为这些苦难负责，因为作为万能的存在，他随时都可以直接介入，不论发生的是飓风、旱灾、癌症、战争还是校园屠杀。这些苦难如何能跟万能、全善与全知的上帝并存无碍？制造出或至少容忍这些苦难发生的上帝，如何还可以称为上帝？德国哲学家莱布尼茨把这些问题称为神义论（Theodizee），以世界的苦难为背景，来证明上帝是正义的。

要在考虑世界苦难的情况下为上帝辩护，有几个不同的策略，基督教圣人奥古斯丁（Augustinus Hipponensis，354年—420年）认为，并不存在所谓的恶，恶不过是善的缺席，就像盲人缺少视觉能力，同样地，杀人凶手也缺少道德。杀人凶手并不具有恶劣的特质，不过是善的性质没有出现在他身上而已。所以，这位神性的造物者并没有创造出任何的恶，因为那些恶不过是善的匮乏，也就不算是世界本身的构成元素。这个论证并不特别有说服力，不过还有其他路线更可能解释世界上何以有恶的存在。

战争与校园屠杀并不需要由上帝负责，因为那是人类的行为；上帝虽然创造了人类，但是并没有夺走人的自由。因为人类拥有自由的世界，比到处都是机器人的世界更好。但是这就造成一个结果，即人类不只能决定为善，而是也能选择为恶，例如战争或校园屠杀。这就是莱布尼茨的看法。

但是说到旱灾、陨石袭击以及癌症等天灾，又该如何为上帝的袖手旁观开脱？一个可能的说法是，这些苦难都是针对人类罪行的惩罚或警告，说是上帝赏的耳光也行。这种论述一方面过于傲慢与不人性，但更大的困难在于无法举证；具体来说，究竟是哪些犯行逼得上帝对我们施加惩罚？我的母亲做了什么，为什么偏偏是她得了癌症？台风为什么偏偏扫过菲律宾而不是瑞士？

另一种论述则是用别的角度来评价事件。比如说人可以宣称，癌症与旱灾饥荒是必要的恶，因为只有在恶的衬托下，善才能存在，没有痛苦就没有快乐。不过真的是如此吗？真的只因为善无法脱离恶而存在，所以不可能有更好的世界？确实，如果我们不知道“光明”是什么，就不能理解“黑暗”的含意；确实，饥饿是最好的厨师。然而这一切并不等于说，世界必须遵循着善恶必须平衡的恶法，所以没有哪里可以比目前的模样更好。因为如果真是如此，那么上帝在这个法则面前就会跟我们一样束手无策。

下一个让世界的恶与上帝的万能、全知、全善互不冲突的策略重点在于，主张这些可怕的事件其实并不可怕，而是善的，只不过人类不能理解而已。从上帝的视角看来，这一切都有意义，世界上的苦难就像看牙医般的疼痛：短期来说的确令人困扰，但是长期而言是唯一正确的事。然而，这一切从上帝的视角看来到底有什么意义？只要这一点没有得到澄清，这个论述就颇为空洞。宣称“天主的道路是不可思议的”，只是巧妙地回避了答案而已。撒旦的信徒同样可以宣称，撒旦统治这个世界，世上的一切都是痛苦与邪恶；和平、爱与幸福不过是表面如此或者短暂的善，从撒旦的视角，我们所生活的世界其实是一切可能的世界当中最坏的那一个，只不过我们人类不能理解而已，因为撒旦的道路是不可思议的。

撒旦之名带我们走到最后一个论述：让慈爱的上帝与邪恶的撒旦彼此对立，也就是让善与恶两股力量互相抗衡。这样一来，世界上的恶就属于魔鬼，世界上的善则归于上帝。人类是上帝与魔鬼间权力游戏的傀儡，然而这种为上帝所做的辩护反而限制了他的万能，因为无所不能的上帝应该早就消灭魔鬼了。难道不是吗？

◎ 太空茶壶

请想象一下，你的邻居宣称，地球与火星之间有一个茶壶绕着太阳运转，到目前为止还没有人观测到这个茶壶，因为茶壶太小了，小于望远镜的观测范围。然而茶壶的存在也从来不曾被否证过，起码，你这位邻居对这个茶壶的存在就深信不疑，让我们称他为茶壶论论者，他现在宣称，只要没有人能反驳他的观点，他就不会改变他的信念。证明的义务落在“反茶壶论论者”的头上，也就是那些宣称此茶壶并不存在的人。茶壶论论者坚持，没有被否证的事，就是可以相信的。

然而这正确吗？应该提出证明的人是谁？反茶壶论论者还是茶壶论论者？还是说怀疑论才是这场争论中唯一理性的立场，也就是说，完全不提出知识主张，而仅止于宣称，我们不知道这个茶壶是否存在？

哪一种信念才最站得住脚：第一，相信茶壶的存在，第二，相信茶壶不存在，还是第三，不做任何判断？

这个思想实验来自英国逻辑学家与哲学家罗素（Bertrand Russell，1872年—1970年），他想指出的是，科学没有义务证明上帝不存在，宗教才必须证明上帝存在。只要这个证明没有被提出，罗素认为，那么我们就有很好的理由认为上帝不存在；如果某事物的存在有所争议，那么证明的义务总是落在认为其存在的人头上。不过我们有什么理由支持这个理论呢？

罗素的理论可以用诉诸证明的精简原则来证明，也就是说，若非绝对必要，不应该认定事物存在。如果我们可以通过物理法则来解释闪电跟打雷，那就应该让宙斯这样的神明退出解释模型；既然没有任何现象是只能通过假设有太空茶壶才能解释的，那么就不应该假设有这么一个茶壶存在。然而，如果有人看到圣母显灵，或者相信自己听到上帝的声音，这些不也是需要解释的现象吗？当然了！不过，科学对这些现象也有其解释，以科学的角度来说，这些都是妄想与幻觉，是由于异常的脑部活动而产生的。

罗素的理论还可以用“归谬证明法”（reductio ad absurdum）来论述，也就是证明对手（即茶壶论论者）的立场会导致荒谬的结果。如果茶壶论认为，只要没有被推翻，就都是可相信的，那就等于给各种偏激与疯狂的信仰打开了大门。因为世界上有各式各样稀奇古怪的假说，都是无法证明与反驳的，像是有人认为我们的世界是由一只会飞的意大利面条怪兽所创造的，或者有人相信世界上所有地方，只要人类的目光没有触及，都有只小小粉红象坐在那里，只要人一往那里看去，小粉红象就会化为空气。虽然这些怪异的信念都无法用证明推翻，但是任何认真相信这些说法的人，都会被我们认为是非理性的，甚至是脑筋不正常。所以茶壶论会导致荒谬的后果，因为他等于认为，相信这些疯狂的理论是一点也没错的。

在上帝存在论证的讨论里有三个阵营：信徒、无神论论者及不可知论论者。第一组宣称上帝存在，第二组说不存在，第三组则不做判断。许多非信徒会认为自己更接近较易沟通的不可知论论者，而非死硬派的无神论论者。罗素提出的茶壶论思想游戏，是想把不可知论论者变成无神论论者。如果牵涉的对象是可笑的太空茶壶或看不见的粉红象，那么大多数人都不是不可知论论者，而是立场坚定的反茶壶论论者与粉红象反对者。然而若是牵涉到上帝的存在，那么只要支持上帝存在的证据，不比支持粉红象更多，那么这些自认的不可知论论者就不应该继续自我蒙骗，而是应该表明自己是无神论论者：不然他们就前后矛盾了。

逻辑与语言

假设村里的理发师只能帮不自己刮胡子的村民刮胡子，不能帮会自己刮胡子的村民刮胡子，他自己的胡子要由谁来帮他刮？

罗素／集合不可能把自己当成项目之一而包含在内
奎因／存有怀疑的时候，要选择尽可能善意的诠释
维特根斯坦／在语言里，字词的含意就是其使用方式
普特南／字的含意并不存在于我们的脑袋里
加达默尔／诠释取决于个人对意义的期待
葛莱斯／对话应符合普遍基本规则

哲学总是脱离不了论证、提出理由以及论断。所以哲学的基础是逻辑，即研究如何正确推论的学问。而怎么样才是正确的推论？常常有人举出下面这个范例：

一、苏格拉底是人。

二、所有人都会死。

三、所以：苏格拉底会死。

前提一、二为真，结论三也就为真。到这里都没问题。不过请再看看接下来这个例子，你觉得如何呢？

一、一块面包比没有东西好。

二、没有东西比妈妈的千层面好。

三、所以：一块面包比妈妈的千层面好。

咦？怎么会这样？推论出错了吧？可是，如果A比B好，B又比C好，不就等于A比C好吗？问题出在哪里呢？语言误导了我们。因为“没有东西”这个概念并不能指涉出叫“虚无”的对象，而是什么都不能表达。就像我们说下雨一样，如果下雨了（es regnet），那就只是下雨了，es 是个虚主词，并不代表任何东西。所以研究逻辑时，必须特别留意语言的陷阱，到处都可能发生误会。范例不胜枚举，让我们先说到这里。

人类沟通成瘾，失去语言，生活就变得寂寞、无聊，甚至可能致命，因为交谈能帮助我们理解世界、他人跟自己。我们从幼儿时期就开口讲话，首先模仿其他人发出的声音，对他们做出回应，通过字词与句子讲出我们的要求。在这个过程中，我们像玩游戏一样地学习语言：不仅是旁观，而是参与其中。通过语言的学习，世界在我们的面前打开，每学习一种语言，就代表浸淫到另一个世界里。我们运用概念来掌握事物，厘清世界的秩序，让我们可以理解世界。

随着年龄的增长，语句与词汇的网络越来越复杂，使用的概念也越来越抽象，我们会理所当然地谈论“中国”“工业化”“人类的尊严”，这些东西要么远在天边，要么已经消逝很久，或者基本上不可见。我们还会用“什么都没有”“尽管如此”或“谢谢”这类语言表达，这些词汇都不指涉世界上的任何对象，却仍然有其含意。

许多人会觉得语言是人人都有、理所当然的东西，但语言却恰恰是生活中最让人困惑不解之处，就这一点来说，语言也是哲学典型的研究课题，令我们感到既熟悉，又陌生。因为，我们可以问，语言究竟为什么会关涉到对象？我们怎么能够仅仅靠声音，就让旁人了解我们的感受？我们如何能确认，其他人使用“树”这个字时，意思跟我们想的一样？我们如何能说一件事，但是却意谓着其反面？我们能脱离语言而思考吗？语言跟我们的自我认同又有什么关系？

自古以来，语言就是西方哲学的课题，在20世纪，语言成为特别重要的议题，哲学家维特根斯坦甚至认为，哲学的首要任务，就是详细地检视我们的语言；那样的话，哲学问题就会自动消失。因为，维特根斯坦认为，哲学问题都是些假命题，只因为我们误解了自己的语言才会产生，好比小孩子懵懂地问：“风不吹的时候在做什么？”

维特根斯坦的观点很极端，现在几乎没有人还会宣称，哲学问题都可以用语言分析来解决；然而，语言在今日的哲学领域里仍然占有核心的地位。研究哲学的人，必须精准地判读、周详地陈述，并且厘清重要的概念。语言就是哲学家的工作素材，因为哲学的首要任务，就是要把概念说清楚、讲明白。谁要是问我们是否自由，就得先厘清“自由”是什么意思。然而“意思”究竟是什么？字词怎么会有意思？我们又该如何找出像“自由”“自我”“意识”“时间”或者“正义”这些词汇的意思？这便是这一章要关注的问题。但是让我们先来看一下，理发师该怎么处理他的胡子：他能自己刮胡子吗？

◎ 理发师

村子里住着理发师，他只帮自己不刮胡子的村民刮胡子。准确地说，他帮每个自己不刮胡子的村民刮胡子，但是不帮自己刮胡子的村民刮胡子。那他自己的胡子该怎么办呢？他是自己刮，还是让别人帮他刮？

假设他自己刮胡子，那就表示，他自己不刮胡子，因为他向来只帮自己不刮胡子的人刮胡子。但是如果他自己不刮胡子，那他就一定是自己刮胡子，因为他帮所有自己不刮胡子的人刮胡子。

不管理发师刮还是不刮，都会陷入困境里。

这个谜题来自20世纪的英国哲学家与逻辑学家罗素，他以无神论与反战主义的言论闻名。这个谜团牵涉到逻辑上的二律背反（Antinomie）：从论题中会导出自身的相反命题，而从论题的相反命题中又会导出论题的本身。应用在理发师的思想实验上，如果他为自己刮胡子，却会得出自己不刮胡子，而如果他不帮自己刮胡子，又会导出他自己刮胡子。这种二律背反并不罕见，你可以看看这句话：

“这句话是错的。”如果这句话为真，那就是错的，而如果这句话是错的，那这句话却又说对了。也许你也听过克里特岛人的例子，有个克里特岛人说：“所有克里特岛人都撒谎。”问题是，那这个克里特岛人在撒谎吗？

在解决理发师的谜团之前，我们应该了解，为什么二律背反在20世纪初时让逻辑学家与数学家想破了头。罗素这个理发师的例子摇撼了数学家脚下的地基，几乎让整个数理系统应声倒下。因为集合论（Mengenlehre）在当时被认为是数学的基础，罗素的例子却显示出集合的概念（也就是数学的基本概念）会自相矛盾。如果我们可以建立任意的集合，比如蓝色小屋的集合，或包括十个项目以上的集合的集合，那我们也可以建立“由所有不包括自身在内的集合所组成的集合”。然而如果有人问，这个集合是否包含自身在内，就会导致二律背反，就像问理发师自己到底刮不刮胡子一样。作为数学基础的集合论就此摇摇欲坠，而数学又被视为物理学的基础，物理学又负责解释这个世界，所以罗素就此撼动了科学解释世界的地基。

集合不能包含自身

说来幸运，这套解释体系并没有就此倒下。罗素不只发现了问题，同时也找到了解答。他的“类型理论”（Typentheorie）可以防止二律背反的发生。类型论要求，集合虽然可以包括其他集合在内，但其他集合必须属于另一类型，层级也要低一层；集合总是比其包含的项目高一层，即便那些项目本身也是集合。也就是说，集合不可能把自己当成项目之一而包含在内。“一个集合是否包含自己在内”这种问题是无意义的，就好像问恋爱的属性本身是否也恋爱了。提出这种问题的人，忘记了只有人类可以恋爱，特质是不能恋爱的。

这对我们的理发师意味着什么呢？他的胡子该怎么办？依照罗素的集合论，理发师不可能自己刮胡子，因为那就等于集合把自己当成项目之一而包含在内。罗素的解法形同把理发师赶出村子，剥夺他作为村民的资格；帮村民刮胡子的理发师，本身就不能是村民，如果他住在村外，那他帮自己不刮胡子的人刮胡子就毫无问题。然而，把他赶出村子真的解决问题了吗？是否只回避了问题？为什么理发师不能住在村里？答案是：因为他若住在村里，就成了自相矛盾的存在，同时自己刮胡子又自己不刮胡子，是不可能存在的人。而且，既然世界上不能有自相矛盾的东西存在，我们也就必须修改设定，要么他离开村子、要么他换个工作，或者去接受彻底除掉胡子的疗程。

下一个例子不讲胡须了，而是讨论秃头。如果你以为“哎呀，又是个男人的问题”，那你就完全弄错了，秃头跟我们所有人息息相关。适用于秃头的，应该也能适用于腿毛。

◎ 秃头

你掉头发吗？别担心，你永远不会秃头，逻辑上不可能。不相信？那请仔细看：假设你今天有满头头发，可是每一秒就掉一根，从什么时候算起你将是秃头呢？哪一根头发将是关键性的，在那之后你就算秃头？任何一根都不是。谁要是满头的头发，那就是满头的头发，即使掉了一根，也不会改变这个事实。一根头发不能决定你是不是秃头，这个规则可以一直适用下去，包括在第一根头发掉落后，与第二根头发掉落之前。所以你可以一直掉任意多根的头发，而且永远都不会秃头——就算你头上一根头发也不剩也是一样。你放心了吗？大概不会。但是这个推论错在哪里呢？

古代哲学就已经提出了这种沙堆悖论（Sorites-Paradox：Sorites 是古希腊文，意思是“堆”），当时的问题是：几粒沙子算是一堆？或者，我能从一堆沙里取走多少粒，让那堆沙子不再算是一堆？

这种悖论之所以会出现，是因为“堆”与“秃头”等表达方式是模糊的，没有准确的边界；如果我们可以设想出临界的情况，让这个概念仿佛可以适用又好像不可以，就构成模糊不清。模糊不清不只在哲学里算是个大问题，在法律、医学或运动领域里，同样都构成问题，事实上任何有流动的过渡状态都成问题。什么叫“过度”消费？

什么时候胚胎不再是胚胎，而是一个“人”？什么行为算是“重大过失”？需要满足什么条件，一个人才算是“无判断能力”？这全都是非常困难但至关重要的问题。所以模糊不清不只是哲学框框内的玻璃珠游戏，而是真正的问题，在社会的各个领域中层出不穷。

沙堆悖论该如何解决？让我们先重新建立一下这个论证，它有两个前提和一个结论。

一、十万粒沙子构成一堆。

二、如果 n 粒沙子构成一堆，那么 n-1 粒沙子仍然构成一堆。

三、仅剩一粒沙子也还构成一堆！

这是标准的悖论结论：从看起来正确的前提，以看起来正确的方式，推出明显错误的结论来。你准确来说有三个选择：一你可以接受这个结论，二是推翻其中一个前提，或者选三，质疑推论的有效性。第一个选择最好不要考虑，因为那会产生荒谬的结果，你将能证明所有东西都能成堆，所有人都是秃头，以及两米高的人是个矮子。这是荒谬的，论证的结论明显是错的，因为光是一粒谷子绝对不算一堆。所以一定是前提或推论过程有误。

看不见的界限

推论过程本身看起来没问题。那就让我们来看两个前提：第一个看起来很安全，但是第二个就危险一点。这个前提说，光是一粒沙子之差不会造成改变：即便你从中取走一粒沙子，一堆沙子还会是一堆沙子。尽管这个规则看起来十分可信，然而其推论结果却完全没有说服力。所以，也许是事物的表象欺骗了我们。事实上有两个不同的哲学观点就是如此认为，并且拒绝了第二个前提。

“模糊性知识论”（Epistemischen Theorie der Vagheit：episteme 是古希腊文“知识”的意思，Epistemische Theorie 即“知识论”）的支持者主张，在一堆与不成一堆之间确实存在清楚的界线，只是我们无法认知而已。这就是问题所在，一堆沙子的边界或许落在第182粒上，但是我们无法确知，只能猜测。界线是有的，只是我们不知道而已。就好像颜色的情况：极微小的色调差异是眼睛无法察觉的，当红色被一滴一滴地掺入黄色，到了某个时候就会变成橘色，然而我们无法辨认出使红色变成橘色的那一滴。沙堆问题也是同样的模拟。但是这个论点会不会有点匪夷所思？一个“堆”真的有清楚的界线，只是我们无从得知？那岂不是等于说，我们并不认识“堆”这个概念，不知道“堆”准确来说代表什么？反之，主张“堆”这个概念没有清楚的边界，不是可信得多吗？不然的话，我们全都成了能力不足的语言用户，连自己用的语词都弄不清楚了。

划出清楚的界限

除了模糊性知识论之外，还有“模糊性的清晰度理论”（Schärfungstheorie der Vagheit），其立场是，像“堆”这类的模糊概念，许多时候我们可以清楚地认定哪些是“堆”，哪些“不成为堆”，此外还有许多介于其间的临界状况。只有在可以清楚界定的情况下，才有命题为真或假的问题，牵涉到临界状况的命题，则既不为真也不为假。

让我们假设，少于100粒沙子清楚地不构成一堆，超过两百粒沙子则清楚地构成一堆，在100到200粒之间的沙子则落在临界状况里。在这个灰色地带中，你可以自己选择要把界线划在哪里，无论怎么划你都不会错。你若说“134粒沙子构成一堆”，则既不为真也不是假。命题只有在不管清晰程度为何的时候都为真，才是真的为真，不管你把界线放在灰色地带里的什么地方都不影响。这也就是说，因为在灰色区域内我们能任意地摆放这条界线，只有在临界状况以外的命题才可以为真。现在让我们假设，你把上限定在第134粒沙子，也就是在133粒沙子以下，就不算是一堆沙了。这时候，“如果134粒沙子构成一堆，那么133粒沙子也构成一堆”这个句子就不为真了。于是第二个前提就得放弃了。一粒沙子还真的会造成改变！尽管不是因为在世界上真的有一条看不见的界线规定了沙堆，而是因为我们可以自己划这条界线，如果我们愿意的话。

不过模糊性的问题并没有就此解决，因为：临界范围从哪里开始？在边界状况与清晰状况之间存在鲜明的界线吗？有没有临界状况中的临界状况？我们又该如何解决这个较高阶的模糊问题？在这里各家的说法又不同了，有些派别还举棋不定。如果你以为，这不过是在钻语言的牛角尖，那就请你穿暖一点，因为我们要进入森林了，要去寻找害羞的小松鼠。

◎ 小松鼠

请想象一下，你在森林里散步，突然间一只小松鼠从路上跑过，爬到你面前的树干上。不过小松鼠躲到树干后方去了。你小心地绕着树干走，但是小松鼠也一直往树干的背面躲去，树干一直介于你跟小松鼠之间。小松鼠也在绕树干，方向跟你相同，只是一直在树干的另一边。

现在问题来了：当你绕完一圈之后，是否也绕了小松鼠一圈？

这个谜题是美国实用主义哲学家詹姆斯（William James，1842年—1910年）提出来的。实用主义是面貌丰富的哲学思潮，核心主张是：我们对世界的各种理论，首先应该要有效益；至于理论能否客观地反映真实，我们永远无法确知，但这也并不重要。

詹姆斯用小松鼠论证想展示的是：哲学问题到底是怎么回事，小松鼠和其他著名的哲学谜题非常类似；我们是否绕了小松鼠一圈，取决于我们如何理解“绕一圈”。如果我们说“绕一圈”，是我们绕着“不动的”对象走了一圈，并且看到该对象的每一面，那这个问题就要回答“没有”；但是如果我们说“绕一圈”是说我们绕一个对象走了一圈，不论该对象是否转向或站着不动，那就要回答“有”。

所以，小松鼠实验是纯粹的语言问题，我们不清楚“绕某物走一圈”的说法是否适用在上述的状况上；应该说情况十分清楚，但是概念并不清楚。詹姆斯认为，哲学问题皆是如此，比如讨论人类是否“自由”、我们是否能“知道”世上的某些事情，或者动物能不能“思考”。行为生物学能相当准确地告诉我们动物能做什么、不能做什么，然而这些能力是否算是“思考”？回答这种问题不需要对事实的知识，而是需要对概念的知识，这就是哲学管辖的范围，至少是关系到“思考”“自由”或“知识”等概念的时候。因此，哲学问题就是概念定义的问题，尽管不全是，但大部分都是（如果讨论到我们该如何行为，或正义的国家该怎么样，那么单靠概念分析就不能得到多少结果）。语言与含意在哲学里几乎总是扮演重大的角色，哲学问题的解决也总是从概念厘清开始。

现在，我们要从森林进到热带雨林。你喜欢陌生的文化吗？那你就不该错过下一个思想实验，那一定会让你感到新奇与着迷。德文俗语会说把你“从袜子里打出来”，当然不是真的把你从袜子里打出来，只是个比喻，不过，比喻的问题我们要留到这一章的最后再来谈。

◎ Gavagai

请想象一下，你是语言学家，正在亚马孙河雨林进行田调旅行。孤独地走了三天之后，你到了不知名的原住民部落，他们的语言是你亟欲了解与研究的。不过你不想打扰原住民，所以架设了摄影机跟指向性麦克风，从稍微远一点的地方聆听那些陌生的话语。你听到像是 kabauk、teenog saag、或者 lendron menai 这样的声音。完全听不懂。接着出现了有趣的状况：一只兔子从旁跑过，有名原住民站起身来，用手指着兔子，发出 Gavagai 的声音。你抽出笔记本，写下“Gavagai 等于兔子”。不过你为什么如此确定呢？

难道 Gavagai 不能是“我们的晚餐！”“去打猎吧！”或“今天会下大雷雨”的意思吗？

这个思想实验来自美国哲学家奎因（Willard Van Orman Quine，1908年—2000年），这个场景想要指出，每一种翻译都是不确定的，外语总是同时有许多可能的翻法。奎因认为，语言学家永远都无法确定 Gavagai 究竟是什么意思。然而真是如此吗？确实，“Gavagai 等于兔子”暂时只能是个假说，必须参照原住民其他的语言使用来加以确认。如果后来发现，原住民看到从旁爬过的蛇也会叫 Gavagai，那“Gavagai 等于兔子”的假设就不可信了，但如果 Gavagai 只在兔子跑过的时候才会使用，那其他本来也颇为可信的假说，比如“Gavagai 等于晚餐”，就可以剔除了。

这种观察与研究，就像玩完全陌生的游戏，而且游戏规则必须靠自己发现。假设你从来没下过国际象棋，现在第一次看别人下棋，你能靠观察就把下棋的规则找出来吗？那是不可能的，奎因认为。如果你能自己下，就会简单许多，因为如果你走错了，旁人会纠正你，你也可以做些带有目的性的实验，比如让城堡走对角线，或让国王跳过别的棋子。那样的话，旁人就会指出这样犯规。

如果能直接跟原住民沟通，会不会对 Gavagai 的翻译有帮助呢？假设你能从藏身之地出来，手上抓着兔子走向原住民，用询问的眼光看着他们，并且说：“Gavagai？”原住民乍看到陌生人时一定非常惊讶，但是让我们先忽略这件事，假设原住民会平静地留在原地，摆动手臂，并且说：“tok.”但是 tok 又是什么意思？是“对”还是“不对”？手臂的摆动又该如何诠释？是类似点头还是摇头？我们可以把 Gavagai 解释为“兔子”，tok 解释为“对”，但是也可以把 Gavagai 解释为“去打猎！”，tok 解释为“不”。两者都有可能。

最后，你必须决定要用哪一种假说，奎因建议，在存有怀疑的时候，要选择尽可能善意的诠释，不要把原住民当成傻瓜。所以你不应该把 Gavagai 翻译成“那里有一只老虎”，因为这个诠释完全与事实不符，指着兔子说出 Gavagai 的原住民就变成非常弱智的观察者。善意原则的意思是说，在诠释的时候，最基本要预设对话者具有理性，思考与行为方式也与你相差不远。不过说到底，你也没有别的选择。因为翻译总是有各种不同的可能，对方说的那些话究竟指涉什么，说到底也总是不确定的。这个问题并不只限于原始雨林，而是每个人在家里就会遇到的，语言的误解是日常生活的一部分，就算我们说的都是自己的母语。不过这一点后面会再谈到，现在你可以舒服地躺进沙发里，让我们抬头看一看星星。

◎ 启明星与长庚星

请想象一下：黄昏时分，天色渐暗，夜空中有颗星星比其他星星更亮：那就是启明星（Morgenstern），黄昏时天上最亮的星星。到了清晨时分，类似的景象再度出现：又有一颗星比其他星星更亮，那就是长庚星（Abendstern）。我们知道，启明星与长庚星并非两个不同的天体，完完全全是同一颗星，也就是金星。[①]所以，“启明星”与“长庚星”这两种说法都指涉金星。

然而，为什么“启明星就是长庚星”仍能传递讯息，“金星是金星”却是废话一句？

这个思想实验出自德国的逻辑学家与哲学家弗雷格（Gottlob Frege，1848年—1925年），他据此说明了很重要的事情：字词所意谓的，并不完全就是所指涉的对象，因为虽然“启明星”与“长庚星”这两个字词所指涉的都是金星，但是“启明星就是长庚星”有所含意，“金星是金星”却只是冗言赘语。因为前一句话的真实性需要经历辛劳的发现过程才得以确立，而后一句话连对小孩来说都是显而易见。所以这两个句子的含意并不相同，就算都指涉了相同的对象。

所以，含意与指涉并不是同一回事，但是，那什么叫“含意”呢？弗雷格使用“意义”（Sinn）这个词，指“表述的方式”。这又

① 德文的Morgenstern与Abendstern属于日常用语，字面翻译便是“晨星”与“暮星”，但是现代中文对清晨与黄昏皆甚为明亮的金星已经没有对应的词汇，来指称观看的时间是黄昏还是清晨，本文使用的启明星与长庚星皆是中国古代的称呼，出自《诗经·小雅》：“东有启明，西有长庚。”——译者注

是什么意思？金星可以表述为长庚星或启明星，都看你是在傍晚还是清晨观察它。同样地，柏林可以表述为“德国首都”“德国最大的城市”或“德国联邦议会所在地”。这三种表述意思都不一样，尽管所指涉的都是同一座城市柏林。

如果两种表达方式指涉了同一个对象，那么我们就能在句子中把一个表达换成另一个，同时不影响句子的正确性：如果“鲍勃·迪伦是有史以来最棒的歌手”为真，那么“罗伯特·齐莫曼是有史以来最棒的歌手”也同样为真，因为鲍勃·迪伦的本名就是罗伯特·齐莫曼。但是要注意：表达方式的代换也是会有一点后果的，假设你不知道鲍勃·迪伦实际上叫作罗伯特·齐莫曼，那么尽管你可以说“我相信：鲍勃·迪伦是最棒的歌手”，却不能说“我相信：罗伯特·齐莫曼是最棒的歌手”。

在弗雷格之前有许多人相信，字词的含意不外乎就是我们对“该字词所指涉的”对象的想象，依照这个看法，“树”的含意也就是当我们说到或听到“树”的时候，浮现在脑海里的树的图像。但如果是这样的话，我们就会遇到问题：如果“树”所代表的不过是我心里主观的想象，那你怎么知道我用“树”表达了什么意思？我们怎能确定知道，当我们听到“树”的时候，我们想到的是同一回事？万一彼此的想象不同，那么我们会不会从头到尾都只是在鸡同鸭讲？

这个含意的想象理论还会遭遇另一个困难：我们用“树”指涉各式各样的树木，高的矮的、粗的细的、针叶木或阔叶木及其他等等。但是我们对“树”的一般性的想象是什么模样呢？是高还是矮？绿色或棕色？根本来说，这个一般想象应该要两者同时皆是才对。或者更准确地说，应该要两者都不是。因为我们用“树”的时候，意指的是所有树木都共同拥有的东西，既然每棵树的颜色与高度都不一样，那么我们对树的一般性理念也不应该具备特定的颜色或高度。那么，这个树木的一般性理念该是什么样子呢？仅仅拥有所有树木共通特性的树，又会是什么模样？

或许我们走上了错误的轨道，字词的含义根本不是什么对象，既不是外在世界里的客体，也不是我们心智里的想象，这正是奥地利哲学家维特根斯坦所提出的主张。他认为，“树”的含意，是我们使用这个字词的方式，不是客体，而是实践。这说的是什么意思，我们很快就会知道了。

◎ 家族的类似性

你知道什么是“游戏”吗？当然你知道许多游戏，“欲速则不达”[1]、网球、拼图或捉迷藏，等等。但是你知道这些游戏的共同之处吗？游戏总该有个共同之处，不然我们就不会用共同的概念来指称“游戏”了。所以至少得有一个特征，是所有游戏都有，而且只有游戏才有的。

这个特征该是什么呢？所有游戏都具有娱乐性吗？都会有胜负吗？一定有规则吗？如果都是的话，那么游戏是唯一有娱乐性、有胜负而且依照规则进行的东西吗？那开股份公司跟从事政治不也都符合吗？那拉小提琴又怎么说？权力游戏呢？请试着找出只有游戏才适用，而且适用于所有游戏的特征来。祝你好运！

这个一点也不轻松的思想任务是维特根斯坦提出来的，只要一提到语言哲学，大家最常说的就是他。根据维特根斯坦的理论，语言表达并不决定其含意，而是要由我们使用这个表达的方式来决定。“在语言里，字词的使用决定它的含意”，维特根斯坦写道。如果我们把先前称为“方的”的东西称为“圆的”，把先前称为“圆的”的东西称为“方的”，那我们就把“圆的”与“方的”的意思做了对调。如果我们用“我爱你”来表达憎恨，那么“我爱你”的意思就变成“我恨你”。字词和语句的意思，是通过使用方式来确定的；所以，要想知道一个语言表达是什么意思，就必须观察我们如何使用那个表达，

① “欲速则不达”（Eile mit Weile）是著名的瑞士传统桌游。——译者注

在什么场合使用，以及说完有什么结果。这个理论也称为“意义的使用理论”。

语言没有规则手册

维特根斯坦喜欢把语言拿来跟游戏做比较，例如国际象棋，棋盘上有几种不同的棋子，要依照不同的规则来走：皇后可以走任何方向，主教只能走斜角，骑士只能用跳的，每一种棋子都是由所适用的规则决定的。至于主教是否称为“主教”，则完全无关紧要，比如英文称“主教（Bishop）”，德文却称“跑者（Läufer）”，棋子叫什么、这些名称指哪颗棋子并不重要，重要的是这颗棋子可以怎么走，这就是这颗棋子的定义。就算是小卒变成皇后，棋子也没有改变，改变的只是它在棋局里的角色，然而角色会决定这颗棋子现在是什么，根据维特根斯坦的说法，语言中的字词与语句也是如此。人们见面时可以说 Grüβ Gott[①]，但是告别时却不能说，就算是无神论论者也可以说 Grüβ Gott，因为这句话传达的不外乎就是“你好”或“哈啰”。“Grüβ Gott”“你好”跟“哈啰”三个词表达使用的规则差不多是一样的。

然而跟西洋棋不一样的是，语言没有规则手册，语词的运用也

① 德语字面意思是“问候神”或“神问候你”，但一般用于见面时的问候，只是“你好”的意思。——译者注

没有精确的规范，要给日常用语比如“好”“椅子”或者“软”下定义，是非常困难的。许多语言表达都很模糊，容许临界状况，例如前面让我们想破脑袋的“一堆”与“秃头”。此外，我们在不同的脉络里会用不同的方式使用语词，例如“丢得很远”取决于丢的是什么，以及丢的人是谁。再者，许多字词同时指称彼此差异很大的对象，更不用说很多字词本来就是多义的，比如德文的 Ball 可指足球与舞会，Bank 可以指板凳与银行。就连“游戏”（Spiel）也指称非常不同的事物与活动：有棋盘游戏、纸牌游戏、球类比赛、格斗竞赛，以及权力游戏等。维特根斯坦认为，我们把这些活动都称为“游戏”，这个事实让我们误以为有某种共同的东西是所有这些活动都有，而且只有这些活动才有的。但实情并非如此，我们根本找不出可用的定义来界定“游戏”。而且这不是特例：对于像“椅子”“健康”“爱”“思想”或者“贫困”等概念，我们同样找不到明确的定义。寻找事物的本质是毫无指望的，维特根斯坦认为“游戏”一词根本没有本质。

然而我们为什么称呼所有游戏为“游戏”呢？维特根斯坦的回答是：因为这些东西彼此间有某种类似性，那些我们称之为“游戏”的活动，就像大家庭中的成员一样，会或多或少地彼此相像，而且相同的地方不会全部一样，有些有着类似的五官，有些只是鼻子相像，又有一些是嘴巴或性情很像，有些是走路的姿势相同，又有些声音简直像到无法分辨。这种“家族的类似性”，如维特根斯坦所说，不只存在于家庭成员之间，也出现在同一个词不同的用法之间，或者出现在同一个词可以指称的不同对象之间。各种不同的游戏就是以这种方式构成了一个大家庭，“游戏”指称的也就是一个由不同活动组成的大家庭，其成员在不同的面向与程度上彼此类似，但是没有一个特质是所有游戏所共有，而且只有游戏才具有的。

苏格拉底一直拿“正义是什么？”或“美德是什么？”这类问题来纠缠雅典人，想要借此找出事物的本质；许多哲学家都依循苏格拉底的传统，并且以概念的澄清者与本质的研究者自况，但是万一哲学的基本概念就像“游戏”这个词一样无法定义呢?

◎ 孪生地球

请想象一下，地球有一个双胞胎兄弟，看起来跟我们的地球一模一样，唯一的差别是，所有看起来是猫、行为也跟猫一样的动物，事实上都是远程遥控的机器猫。但是在孪生地球上的人并不知道这一点，因为他们还不曾解剖过这种动物。让我们假设，对这些外观上跟猫完全一致的东西，他们也称之为“猫”。

那么“猫”这个词在孪生地球上的意思，还跟在我们地球这里一样吗？你会怎么把他们的“猫”翻译成我们的语言？孪生地球上的“猫”，是否跟我们的“猫”有相同的含义？

这个思想实验出于美国哲学家普特南之手，他认为，“猫”在孪生地球上表达的跟在我们这里并不一样，这个观点让人非常意外。长期以来人们都认为，字词的含义完全只由说话者的心智状态与语言使用的实践来决定，而不取决于世界上的事实。所以人们相信，分析字词的时候，并不需要分析这些字词所指称的事物，当讨论到字词的含意问题时，人们认为，世界没有插嘴的余地。直到普特南一举推翻了这个信念。

用户决定语言规则

让我们仔细看看这个论证，在孪生地球上的机器猫看起来跟真正的猫没有两样，行为也完全相同，抚摸它的时候，会喵喵叫，高兴的时候，会在人的脚边磨蹭，向人讨食物吃。孪生地球上的人也称它们作“猫”，所以可以说，地球人与孪生地球人据以使用“猫”的特征与现象是完全一样的，使用方式也完全相同。但是地球人不会认为在孪生地球上的也是猫，因为猫是生物，不是机器。我们有生物学，知道是这么回事。现在如果有人在孪生地球上说“这是一只猫”，那我们不会把这句话一对一地翻译成地球话，因为那样就是错的。孪生地球上并没有猫，只有很像猫的机器猫，所以当孪生地球人说“猫”，意思跟我们说“猫”是不一样的。尽管他接触到机器猫时，所见、所闻与触摸到的跟我们完全一样。从主体的内部看出来，孪生地球跟我们的地球完全一样，然而“猫”这个词却意味着不同的东西，所以，词的含意并不存在于我们的脑袋里。

如果词的含意存在于人的脑袋里的话，那榆树跟山毛榉，至少对普特南来说，就是同一种树了。他的意思是，因为他无法区分这两种树，在他看来，这两种树一模一样，然而在使用上，他用“山毛榉”指称山毛榉，用“榆树”指称榆树。然而他怎么能够恰当地用两个字词指称两个不同的东西，如果他自己实际上分不出差异，使用这两个词的时候，联结的想象也完全相同？答案在于：使用字词的时候指涉什么东西，不是个别的说话者自己决定的，而是由说话者所属的语言社群来决定，在树的例子里，只要专家知道“榆树”与“山毛榉”各指什么树就够了。专家决定这些字词各指涉什么东西，所以，语言里同样有规则手册。

◎ 会咬人的狗

这个思想游戏将考验你的想象力！请为下列句子，依照指定的功能想象出适合的使用情境。

一、“这只狗会咬人。”——作为警告或建议。

二、“这里面相当热。”——作为描述或要求。

三、“太棒了！”——作为快乐或失望的表示。

四、“我马上得走了。”——作为确认或要求。

五、“他会来。”——作为预测或承诺。

六、“这是什么发型！”——作为高兴或侮辱的表达。

七、“是。”——作为承认或允婚。

语言不只是为了描述世界，我们也能用语言采取行动，有些事情就是靠说话来完成的，像是给出承诺、侮辱别人、要求别人、表达我们的遗憾、达成协议、提出邀请、道歉、谄媚、威胁、搭讪、结婚、伤害或者让人感到幸福。数不清的行为都只要说话就能完成，英国哲学家奥斯丁（John Austin，1790年—1859年）特别指出了语言也有实践的面向：语言不只是用来说的，而且也用来行动，我们说的话，就是行动。

奥斯丁区分各种不同的说话行动，也就是那些当我们一说出来就完成的行动：表达含意的言说行动（Lokution）、产生行为的言说行动（Illokution），以及产生效应的言说行动（Perlokution）。

一、表达含意的言说行动就是我们所说的话，作为单纯的描述：“这只狗会咬人。”

二、产生行为的言说行动指的是我借由说话所做的事：“这只狗会咬人。”作为对别人的警告，或作为对猛犬爱好者所做的推荐。

三、产生效应的言说行动指的是所说的话给对方造成的效应与影响，比如让对方害怕或者燃起发大财的期望。

产生行为的言说行动，奥斯汀认为是由社会习惯与既定规则决定的，当你在教堂里，在正确的时机上说“我愿意”，那你就结婚了，这种言说需要正确的框架与惯例，才能真的变成行动。所有产生行为的言说行动都是如此：在正确的时刻说出正确的话语，然后行为就完成了。谁要是说“这里面相当热”，并同时往窗外看，那他不是单纯地论断，而是表达了温和的要求——希望打开窗户。但若是把这句话从背景里抽离，就不会产生要求的行为，所以是脉络赋予了这句话沟通的角色。谁在什么时候、在哪里用什么方式、说了什么，通通都是重点。

有别于产生行为的说话行动，产生效应的说话行动不依赖社会习惯，而依据因果原则来进行。谁要是在正确的情境下说“小心！”，就完成了警告的行为。然而他是否就此让听者感到害怕、冷汗直流、感到不快或单纯感到厌烦，就不是由习俗与惯例决定的，而是听者心理状态的问题。我们用语言产生许多效应，但是大多都跟语言规则无关；一句“我愿意”不只改变民法上的婚姻状态，也可以让对方的人生从此改变。

◎ 理解的循环

请想象一下，你正在读书，一个字一个字地读，一句一句地读，就像你现在这样。然而突然间出现了一个你不认识的字。你梱揻了，但还是继续读。从上下文你明白了那个字是什么意思。然而两个句子后，又出现了第二个古怪的字。你不以为意，挈了一点精神。但是怪字越来越多。你渐渐彨傛，一点都不想继续厥鞢这篇文章了。你不再相信你的郾箐，而是走到厨房，从栟篋里给自己俿了一罐饐嫽。喝一小口之后，你觉得豫绥多了，就继续读文章。

渐渐那些奇怪的字消失了，你感到放心，然而你也很讶异——为什么虽然有一堆怪字，那篇文章的大意你还是都读懂了。

如果你喜欢学外文，这个现象你一定很熟悉：我们能从脉络中看出字的意思，部分文字的意思，放在整个背景里就很清楚。假设你买了新的小说，打开书中的一页，读到下面这段文字：“她惊慌失措地看着他，点了点头，就离开房间。离开时她让门留下一道隙缝没有关上。”你虽然每个字都看得懂，却看不懂这一幕是演哪出。你不知道女人为什么惊慌失措，为什么她点头、离开房间，还顺手让门留一个缝。这一幕什么也没说清楚，但是如果你读过这本小说，这一幕你读起来将完全不同，因为里面一定满载着信息。所以我们是以整体为背景来理解其中的部分，不过我们如何理解整体呢？我们不是应该需要先理解各个部分，才能从其中组合出整体吗？

部分与整体的循环

研究这种理解问题的哲学是诠释学（Hermeneutik），其字根是“赫尔墨斯（Hermes）”，希腊神话里众神的信差、中介人跟传讯者；诠释学的名字，作为理解的艺术，就是源自于赫尔墨斯。诠释学研究“理解”究竟是怎么一回事，以及我们对文本、人以及艺术品的理解究竟是怎么进行的。

诠释学家发现了两个理解的循环，第一个我们刚刚已经看到了：部分与整体的循环。意思是说，我们只能通过整体来了解部分，同时又只能通过部分来了解整体。那我们是如何能了解万事万物的呢？答案是：我们并不是要么完全理解，要么完全不理解，而是一点一点地越来越理解。以上面小说的例子来说，我们对小说中间的这一幕并非完全不理解，确实一字一句都看懂了，也看到发生了什么事，只是如果我们从头读起、一直读到这一幕的话，我们就会有更多的了解，如果我们把小说读两遍，也会有更多的体会。理解之光会逐渐照亮小说的整体。德国哲学家与诠释学家加达默尔（Hans-Georg Gadamer，1900年—2002年）写道：“理解的过程总是从整体通往部分，然后又从部分回到整体。”

个人期待的循环

加达默尔也指出另外一个循环：当我们阅读文本时，总是带着特定的期待，也对文本的内容有个大概的想象。此外，我们的兴趣与个人经验也发挥着筛选器的功能：不同的人会依照他的偏好与背景知识对同一个文本做出不同的理解。那循环在哪里呢？我们对文本的期待，即诠释学所说的“预先的蓝图”（Vorentwurf），会在阅读的行进中不断地修订与调整，就像模型不断被修改成符合现实的模样。问题在于，我们对文本的期待已经对文本投射了一道特定的光。我们会依照这个期待对文本做特定的诠释。对这个现象，利希滕贝格（Georg Christoph Lichtenberg，1742年—1799年）有一个形容十分贴切：“一本书就是一面镜子。如果一只猴子往里面看，自然看不出里面的圣徒。”也就是说，对所有的文本，都不存在没有预设、完全中立的阅读，并没有所谓纯粹的事实，一切都在特定的诠释下出现。所以，我们带着对意义的期待所遇到的并非纯粹的文本，而是个人对文本特定的诠释，而这个诠释又要取决于个人对意义的期待，这就构成了一个循环。

我们不只在阅读文本时会遇到诠释学循环，而是在所有形式的理解上都会：听音乐、与陌生人接触或观看艺术时。如果你到外国旅行，想要了解异国文化，在试着理解的时候也会先以个人事先的认定为基础；你会寻找与自己文化的类似之处，也会不断地做出比较。所谓了解他者，其实是在他者中看到自己，同时也在自己身上看到他者。为此我们必须拓宽思考的视野，以使自己与他者的视野互相交融。

◎ 沉默的意义

请想象一下：你开着汽车，突然发现车子几乎没油了。由于你对当地不熟，就向路边一位当地人问附近哪里有加油站。他说："前面路口就有加油站。"你于是往前开，在路口看到破败不堪的加油站，显然已经停止营业很多年了。你被这位路人陷害了吗？可是你问的确实是加油站，而这也真的是加油站，只不过已经荒废了。

那么是你自己犯错了吗？你原本应该问哪里有功能完整而且营业中的加油站才对？

这个例子来自20世纪的英国语言哲学家格赖斯（Paul Grice，1913年—1988年），他最出名的就是提出了"言下之意"（Implikatur）理论；言下之意是指我们在谈话中虽然没有明说，但是却能让对方明白的东西。格赖斯认为对话中有着我们普遍来说都会遵守的基本规则。最上面的是合作原则：“对话有既有的目的与方向，它要求，对话参与者应在每一次贡献中予以满足。”从这个基本原则里可以导出几条对话规则。格赖斯列出下列几项：

. 参与谈话时，信息量应该不少于也不超过必须的程度。

. 不要说你认为是错误的或者缺乏适当理由支持的话。

. 说相关的话，不相关的就别提。

. 表达要清楚，避免模棱两可，叙事时顺序不要跳跃。

在对话中，我们都假设谈话对象遵守这些规则，现在让我们看看加油站的例子：当路人说“前面就有个加油站”时，你基本上会假设他没有骗人，也没有隐藏关键的事实。那个加油站早已停止营业，这件事实是路人应该要提到的，毕竟你问路就是想要加油。所以当他没有多提到这一点，你就有理由以为那个加油站还在正常营业。他对这一点的沉默，让你理解那个加油站是可以加油的。假设路人知道加油站已经荒废了，那他就犯了错误，违反了对话基本规则，因为他的表达没有提供必需的信息量。

言下之意跟隐含之意（Implikation）又有所不同，隐含之意可以从已说的话中以逻辑推论出来。“我戒烟了”这句话隐含了我先前是抽烟的，没有抽烟的人，自然也不能戒烟，所以“我戒烟了，但是我从未抽烟”这样的表达无疑是自相矛盾。言下之意则不是这样，“前面就有个加油站”虽然言下之意是加油站在营业中，然而“前面就有个加油站，但是已经停止营业了”却既没有自相矛盾，语言上也没有特别的错误，尽管这句话在特定情况下可能不太恰当或有点多余。但是句意并没有矛盾，跟“我戒烟了，但是我从来没抽过烟”不一样。

格赖斯的理论可以解释许多东西，包括反讽与转喻。让我们先观察反讽：假设朋友背弃了你，于是你对他说：“你真是我的好朋友。”从说话的脉络中我们知道，你表达的不可能是字面上的意思，因为你没有理由在这种状况下赞美这位朋友。显然你有意地违反了对话的规范，即：“不要说你觉得是错误的话。”你通过“你真是我的好朋友”这句话所传达的，是相反的状况。而你说这话的方式也同样显露出这一点，因为真正的赞美不该这样说的。

格赖斯也解释了我们如何理解转喻。假设我对你说：“你是狐狸。”当然我不是真的在说你是狐狸，这里也明显地违反了“清楚表达，说你相信的话”这条规则。我所说的，不可能是字面的意思，如果是的话，我大概是疯了或者看到了幻觉。也许我想说的是反话，像反讽那样？也许我想说的是，你不是狐狸？这话虽然有可能，但是非常莫名其妙，因为人人都知道人类跟狐狸是两回事。那到底传达了什么意思呢？显而易见的是，我在这里做了一个比喻：我拿你比作狐狸，意思是，你跟狐狸一样地奸诈狡猾。罗马时代的修辞大师昆体良（Quintilian，35年—100年）说转喻就是比喻的节缩版，“像”那个字被省掉了；“你就像狐狸”是比喻，“你是狐狸”就成了转喻。然而比喻跟转喻两者，在理想情况下，都是把事物放到另外一种灯光下看，两者都对我们展示了新的视角，并让我们注意到该事物的特定面向。一个成功的转喻能让我们发现新的东西，当莎士比亚写道“世界是一座舞台”，等于把全世界置于新的灯光之下，让我们注意到人生无处不是表演。语言的用法能在片刻间让整个世界改变，这就是语言的力量。

空间与时间

假设你回到过去，杀害了尚未有子嗣的祖父，你还能存在于这个世上吗？

埃莱阿的芝诺／空间与时间可以无限分割

康德／我们永远无法摆脱时间

奥古斯丁／时间存在于我们的思想与想象内

他顶着颠倒的麦吉弗（MacGyver）[①]发型，麦吉弗是前短后长，他则是前长后短：前额束起鬈曲的头发，后脑却剃个精光，不只如此，他的背上与后脚跟上都长了翅膀。真是个古怪的造型，他像黄鼠狼一样灵巧，又像鳗鱼那样滑溜。古希腊人称他为凯洛斯（Kairos），意指“正确的好时机”：要抓住他那束头发并不是容易的事，要是没注意他来了，就只能抓到光秃的后脑勺，并就此错过了他——错过了正确的好时机。

跟凯洛斯相反，古希腊人所说的克罗诺斯（Chronos），也就是时间，总是慢慢走着，是不断流逝的河流，带走一切，啮咬所有事物，但是也治愈所有伤口。克罗诺斯的形象常常是名老人，手上拿着沙漏与镰刀，更准确地说是长柄大镰刀，能给生命骤然地画下句点。

时间是宝贵的资财，是幸福的原料，总是在消逝当中，时而紧急时而舒缓，有时又几乎静止，仿佛无止境地延长。时间包围着我们，

① 美国电影《百战天龙》（MacGyver）的主人公，一个富有机智与勇气的现代英雄。——编者注

在任何时刻与任何地方，我们按部就班，生活几乎离不开时间，并且一年又一年、一秒接一秒地量着时间。然而我们不知道时间究竟是什么。古典时代晚期的哲学家奥古斯丁问："所以时间是什么？没人问的时候我知道，但是当我得向人解释的时候，我又不知道了。"时间是不起眼的谜团，不只在哲学里，对物理学也一样。例如有人问：时间有开始跟结束吗？没有时间流逝的世界会是什么光景？时间在所有地方流逝都一样快吗？时空旅行有可能吗？时间可以脱离空间吗？那什么又是空间？空间有边界吗？空间可以扭曲吗？空间由极小的部分构成吗？空间可以无限地分割下去吗？最后：空间可以完全是空的吗？

17世纪著名的物理学家牛顿（Isaac Newton，1643年—1727年）认为，时间在任何时间、地点都是相同、恒定且普遍的。空间也是如此：空间是装下一切事物的普遍容器，不可变、永恒，在任何地方都没有差别。这些认定在20世纪时被爱因斯坦（Albert Einstein，1879年—1955年）颠覆了。爱因斯坦认为，空间可以弯曲，就像一块二度空间的橡胶布，而且时间的速度并非在任何地方都相同，会随着你所在的位置与运动的速度而改变；空间与时间根本无法分开，实际上存在的只是一个东西，即所谓的"时空"，它有四个向度，三个空间性的与一个时间性的。

哲学自古就探讨空间与时间的问题，这并不令人讶异，因为从前自然科学，也就是物理学是包含在哲学之内的，哲学是所有科学之母。今天的情况虽然有所不同，然而谈到空间与时间的问题时，哲学仍然可以提供协助。哲学可以尝试厘清这两个物理学的基本概念，也将之与我们日常生活中关于空间与时间的概念联结起来，还可以把我们对空间与时间的体验，从内心世界的角度尽可能精准地加以描述，并借此使之更容易理解。

现在时间到！让我们开始讨论，赛跑即将开始。阿基里斯跟乌龟，你赌谁跑得快？

◎ 阿基里斯与乌龟

乌龟居然胆敢跟跑得像箭一样快的希腊勇士阿基里斯挑战赛跑，阿基里斯毫不怀疑自己能获胜，笑着让乌龟先跑100米。他能追上乌龟吗？“那当然！”，你这么想。“不可能！”但是乌龟这么认为。乌龟虽然跑得比阿基里斯慢100倍，但是这并不重要，因为在阿基里斯追赶那100米的时间里，乌龟能往前爬1米。也就是说，当阿基里斯跑到乌龟的起跑点时，乌龟已经在他前面1米，在他追赶这落后的1米的时间里，乌龟也能往前爬一点点，即1厘米，两者的距离虽然从100米缩小为1厘米，但是领先就是领先。

而且这个领先不会消失，这一点乌龟非常肯定，每次只要阿基里斯追赶到乌龟所在的位置，乌龟都又已经领先一点点，不管那领先有多微小。阿基里斯一定得先到达领先的乌龟所在的位置，这需要时间，但是在这段时间里，乌龟总是又往前了。两者的差距跟赶上差距所需的时间虽然越来越小，但是永远不可能为零。

所以阿基里斯必须跑过无限多个无限小的落差，这需要无限多的时间，阿基里斯永远办不到，所以乌龟会赢得赛跑。

这个著名的赛跑悖论出自古希腊哲学家埃莱阿的芝诺（Zenon von Elea，公元前490年—公元前430年），芝诺是公元前5世纪的人，提出了好几个悖论。事实上“悖论（Paradoxie）”一词也是来自古希腊，意思是“违反（para）一般信念（doxa）”的东西，哲学上所说的悖论则比较狭义，指的是特定的论证：看起来前提与推论都正确，但是却会得出明显错误的结论。芝诺大多数的悖论都建立在“空间与时间可以无限分割”的前提下，如果一个对象可以分割成无限多个部分，那么人们就称其为“连续体”（Kontinuum）。所以，芝诺认为时间跟空间一样都是连续体，由可以无限分割下去的部分组成。我们先说到这里。

现在让我们观察赛跑悖论，芝诺宣称，阿基里斯永远追不上乌龟，他的论证方式是：在阿基里斯追到乌龟起跑点所需的时间里，乌龟已经又往前一点了。起初的差距虽然越变越小，但是永远不会为零，因为空间跟时间都可以无限分割，阿基里斯必须在有限的时间里，穿过无限多个空间分割，然而无限多个任务，不可能在有限的时间内完成，所以乌龟将赢得赛跑。这是芝诺的论证，他的错误在哪里？

没有尽头就无可存在

亚里士多德认为，芝诺在论证的最后耍了花招，就是他宣称，阿基里斯只有有限的时间可用，但是在有限的时间里，不可能跑过无限多个空间分割。某种角度来说，亚里士多德认为，阿基里斯也有无限多的时间，意即，阿基里斯有无限多个无限小的时间分割可用，以便跑过无限多个无限小的空间分割。时间作为连续体，也可无限分割，就像空间一样。芝诺用无限可分割的性质偷渡了无限延伸的概念：阿基里斯虽然没有无限长的时间，但是有无限多的时间分割可用。所以，亚里士多德说，阿基里斯可以赶上乌龟，因为他能用无限多无限小的时间分割，跑过无限多无限小的空间分割，因为时间就跟空间一样也是连续体。

从数学的观点，这个任务也只能算是给小孩玩的游戏，我们可以简单算出阿基里斯什么时候能赶上乌龟，只要十秒多一些就够了。不过值得注意的是，就算是数学家也不能说出精确的时间点，因为这段时间在小数点以下有无限多位，我们也说不准阿基里斯赶上乌龟前那最后一点的位置，因为在这一点与阿基里斯追上乌龟的那一点之间，还有无限多个点。我们同样说不出在1之后的下一个实数是多少，也就是介于1与2

之间的最小实数是多少，不是1.01，也不是1.00001，而是1.000 000 000 000 000 000 000 000……然后不知何时，会出现一个1，作为最后一位，你其实找不到这最后一位，因为那是小数点以下无限多位。

无限延展的概念超过了我们理解能力的界线，可以无限分割其实也是，当我们看向无垠的宇宙，并且问自己，这宇宙是不是在哪儿有个尽头，还是永远如此向外延伸。令人意外的是，不管宇宙在空间上是有限还是无限，这两种情况对我们来说都很难想象。因为有限的整体必定是位在某处，必定是一个更大整体的一部分。难道不是吗？此外，每道边界必定是隔开了别的东西，而不是把一个“什么都没有”隔开，绝对的、完全没有“以外”的边界，难道不是个荒谬的存在吗？然而，如果宇宙不是有限的，那另一个选择却是：宇宙是无限的全体，这难道不也是同样荒谬且难以想象吗？我们还能说“没有尽头的宇宙”是空间的延展吗？无限大的东西如何存在？完全没有边界的某物，就其根本来说还能是个某物吗？

◎ 时间能静止多久？

你能想象没有时间的世界吗？如果你认为这太容易了，那你一定有地方搞错了。你要想象的是没有时间流逝的世界，而不是一切静止不动、没有变化的世界。因为静止的世界仍旧是在时间里的世界：事物要能静止不动，是以时间为基础的，每段静止都有持续多久的问题，所以都需要在时间中才有可能。

所以，我们应该要问：没有时间的世界看起来是什么模样？既没有变动也没有静止的世界？

德国哲学家康德确认过，有些东西是我们无论怎么想都无法摆脱的：时间就是这样，此外颜色也是。你能想象出没有颜色的物体吗？也就是既非红色、绿色、黑色、白色，却也不是其他颜色，这是不可能的。空间的扩延也是这种我们抽离其中的想象，还是你能想象有物体是完全没有空间扩延的？事物与性质也是这样，你能想象有哪个事物是没有性质的？或者想象哪个性质不属于任何事物，而是脱离在事物之外、独立存在的？除了时间、空间、颜色、事物与性质之外，因果事件也是如此：请试着想象事件在没有任何原因的情况下发生。比如玻璃窗就这么破了，既没有被石头打到，也不是因为内部的张力。就这样，什么原因都没有。那是无法想象的。

我们的想象力与理解力有一定的规则与界线，就好像我们带着蓝色镜片的眼镜，看出去一切都只能是蓝色，这是一副我们永远脱不下来的眼镜。理解力戴的这副眼镜塑造了我们思考的一切。康德认为这副眼镜使用了时间与空间的结构，也就是时间上的先后与空间上的前后关系，来给一切厘出秩序。此外，这副眼镜还把我们的印象与想象整理成带有性质的事物，以及联结原因的事件。我们的思考赋予了所认知世界的基本结构，康德认为，时间就是这个基本结构之一。时间是“直观形式”（Anschauungsform），是我们无法将之抽离的，因此我们想象不出没有时间的世界；有时候我们会希望时间停止，但是根本说来，我们希望停下来的并不是时间，而是运动与变动。我们说：“时间在这短暂的片刻里静止了。”但是时间要怎么在片刻里静止？这跟说“在这一秒钟时间暂停了”一样，完全是自相矛盾——只有在时间流动时，才有一秒钟的消逝，时间若是停止，就连一秒钟也没有了。

有物理学家宣称，时间是跟宇宙大爆炸一起诞生的，如果此说成立，那时间大概有138亿岁了。也有神学家认为时间不是永恒的，而是由上帝所创造的，在那之前没有时间。但是这是什么意思呢？如果在时间存在“之前”没有时间，那么在那之前时间必须已经存在，不然的话，应该连“之前”都不可能。而且，如果在时间存在之前没有时间，那时间就是永恒的了，因为找不到任何一个时点是时间尚未存在的，也就是说，时间在任何时点上都存在，时间也就是永恒的，尽管时间是在某个时点上生成的。这一切都十分诡辩，我们的思考能力在这里显然撞到了界限。不过尽管如此，物理学家还是主张事实就是这样，他们已经算好了，时间是在138亿年前诞生的。这个世界一点都不在乎我们的理解能力，它是什么模样，就是什么模样，不管我们能不能理解。或许如此。但是如果我们无法理解一个理论说了什么，那么即便它为真，对我们又有什么帮助呢？

一些神学家用幽默的态度来面对这个问题。有人问，上帝在创造世界跟时间之前在做什么呢，奥古斯丁回答："上帝在准备地狱的刑罚，好处理那些提出这类放肆问题的人。"他正式的回答是：没有"之前"的问题，上帝存在于时间之外，在非时间性的永恒里，没有变化，永远相同。不过，上帝怎么能创造我们这个处于时间中的世界，还伸手介入？这跟时间的开端问题一样的费解。或者说，不比时空旅行更好懂。

◎ 祖父谋杀悖论

假设你能回到过去，找到你的祖父，而且是在他遇到你的祖母之前，也就是说，在他生下你的父亲之前，以及父亲生下你之前。请问：你能杀死你的祖父吗？这不是问你愿不愿意，或者伦理上的责任问题，而是非常单纯地问，这到底可不可能。因为如果你杀了你的祖父，就会导致你从未出生，也就不可能回到从前去杀他。

所以问题是：如果你返回从前，站在你的祖父面前，手里拿着枪，那会发生什么事？会有一个逻辑使你不可能扣下扳机吗？还是一旦你开了枪，就不只消灭了祖父，连自己也同时杀了？

自从电影《回到未来》（Back to the Future，1985年）问世，讨论时间的哲学就几乎没办法不想到时空旅行，而且有些物理学家，例如马利特（Ronald Mallett，1945年—），认为时空旅行在原则上是可能的。这么说来，为时光旅行的哲学问题花点时间思考也是值得的，谁知道呢，也许几十年后，圣诞假期不只可以去马尔代夫，而是去中世纪了。

但是，时空旅行真的是可以不带谬误而想象的吗？至少“祖父谋杀悖论”显示不行：如果你能返回过去，你就能见到年轻时代的祖父，就能杀掉他，使得你的父亲跟你自己都不曾出生。但如果你不曾出生，那你也不可能从现在搭乘时光机返回过去，更不可能杀掉你的祖父。同样的理路适用于杀掉过去的父亲跟杀掉过去的自己：这三项行动都是不可能的，因为你将消灭的一项重大的事实，也是你这趟时空旅行之所以可能的前提：你将使自己不可能踏入时光机。

时空旅行无法改变过去

就算时空旅行是可行的，你也不可能回到过去阻止自己的出生，但是你能造成其他改变吗？比如说，你能回到两天之前，在桌上留张字条给自己吗？字条上写着“Google 的股票将在次日大幅上涨。买个10张吧！”能的话就太好了。但是，如果在过去的你读到字条，也遵照了字条上的建议，那你在两天后就一定不会踏入时光机，去给两天前的自己送字条，以便告知 Google 股票将会上涨了。因为你已经买了嘛。所以再一次地，你回到过去做了某件事，也因此阻止了你在现在踏进时光机并回到过去，不管怎么说，你就是真的已经做了这件事。

现在也许你会想：可是我至少可以回到过去，做一点极小的、没有任何后果的改变。可惜这也是不可能的。让我们假设，你回到两天之前，把一支铅笔的笔尖折断。那支笔虽然躺在你的桌上，但是平常你是既不看也不用的，铅笔就只是躺在那里而已。所以，假设你回到过去，偷偷地闯入你自己的住处，把那支铅笔的笔尖折断了。那在现在的这支铅笔会发生什么事？笔尖也会自己断掉吗？像有幽灵伸手来折一样？大概不会吧。因为铅笔尖不可以现在才断掉，而是必须两天前就断了，因为你可是回到了两天之前，在那个时候把铅笔尖给折了。

所以，这个世界不可以突然之间变成别的模样，而是必须早就变成别的样子了。然而这是不可能的，因为昨天笔尖还是好的，正因为如此，你才能回到过去把它给折了。所以看起来，就算回到过去，也是连一根头发都不能折弯的，因为如果折了的话，那根头发从那时起就是弯的了，然而情况并非如此。

假如你回到过去就只是看看，什么都不改变，这样可行吗？你能变成隐形人，回到十年以前，看自己每天都在做什么吗？这次的答案又是：不行。因为你到了过去之后，你这个人就有两个了。但这是不可能的，你只能有一个。这不是针对你，而是适用于一切事物上，就连铅笔也只能存在一次。虽然许多完全相同的铅笔可以同时存在，然而这一支并不等于另外一支，那只是同一款式有两支笔。然而不可能有两个东西存在，而这两个东西又是同一个东西。这是不可能的，唯一剩下的问题是：那你能不能回到你还不存在的过去里，而且你不造成任何改变？比如以隐形的方式在古罗马待一小时？问题在于，那你必须在出生之前就已经在古罗马了。所以你为什么还需要踏进时光机呢？你当时就在古罗马了呀！

俄国物理学家诺维科夫（Igor Nowikow，1935年—）认为，时空旅行是可能的，不过物理法则会使得时空旅行者无法造成改变，如果这种改变会导致矛盾的话。小小的改变比如折断铅笔尖，诺维科夫认为是可能的，而较大的灾难，比如泰坦尼克号的沉没，则无法使之没有发生，毕竟那样的话，就没有必要进行时空旅行去让这件事不曾发生了。但是我们上面已经说明，诺维科夫弄错了，回到过去哪怕是折弯一根头发都是不可能的。

平行时空可以改变未来

一些物理学家与哲学家相信，平行宇宙的假设使得返回过去的时空旅行甚至是杀死祖父都成为可能。因为你所返回的世界，严格来说是另外一个世界，不是你所来自的那个世界。光是你的在场就使之不同了。所以你返回的，不是你所在世界的过去，而是到了另外一个，即便跟你原来的世界非常相像的世界去，也就是一个“平行世界”。比如我们可以认定，你所返回的世界是另外一个、在时间轴上还没有像我们的世界走这么远的世界。若你想跳进1914年，那你就跳入一个才刚刚来到1914年的平行宇宙，这个宇宙还没有未来，所以你还可以依照你的意愿造成改变。但是你也能杀死你的祖父吗？乍看之下这似乎是可能的。你杀掉他，你也不会死，因为严格来说你并非他的孙子，毕竟你是进入了另外一个向度，跟你当前生活的那个向度没有任何关系。可是，那么你杀死的那位先生也就不是你的祖父，而是一个外观上跟你祖父年轻时完全相同的双胞胎，所以你还是不能杀死你的祖父。真讨厌！

所以看起来，时空旅行回到从前，会构成非常严酷的逻辑挑战。所以如果有一天你踏入时光机器，口袋里一定要放一本逻辑手册。你找不到更好的时空旅游指南了。

那时空旅行到未来又将如何呢？物理学认为，没有比这个更简单的了。根据爱因斯坦的广义相对论，前往未来的时空旅行不但可能，而且甚至已经发生过。这需要一点解释，爱因斯坦认为当我们移动速度较快时，或者当我们位于重力中心附近时，时间的行进也会比较快。听起来难以置信，但是如果你让原子钟进行高速运动，它真的会走得比较慢，有人用两个原子钟做过实验：一个放在飞机上绕地球一周，另一个放在原地地表上。飞机回来之后，地表上的钟显示的时间比飞机的钟更晚一些。所以这个绕地球一周的钟，不只做了空间的旅行，也做了一场时间旅行，也就是跳进了未来，即便距离还不是很远。

如果一个人能以接近光速的速度移动，他的时间跟地表上的时间比起来，就会变得极端缓慢。他若行进一分钟，在同一时间里，地球上会经过好几年。所以当他回来时，会看到朋友们老了好几岁。这种现象被称为时间膨胀，也就是说时间拖长了。一分钟长的时间突然需要十年才走完，进行时空旅行也是靠这个机制。你踏进时光机器，等一分钟，走出来，一看，几百年已经过去了。所以前往未来的时空旅行至少理论上不是问题。

有些人愿意让人把他们的身体冰冻起来，期望未来有人能让他们重新活过来。如果成功的话，那么这些“冷冻人”（Kryoniker：来自古希腊文的“冰霜kryon”）就完成了类似时空旅行的事。若是可能，他们将在两百年后从冰冻中醒来，完全感觉不到时间的流逝，他们的身体将一点也没变老。

不过往未来的时空旅行还有更简单的办法，你一定经历过：当你无聊的时候，时间过得特别慢。相反地，当你做的事很有趣、完全沉浸到活动里的时候，时间过得特别快，你感觉过了没有多久，但是结束时，你突然发现已经过了好几个小时。你这样也算是做了一个小小的、往未来的时空旅行。此外你还拥有更多对过去的记忆，因为强烈的体验，比起无聊的生活片段，在事后会让我们感觉更长久也更丰富。所以你可以把生活过得充实一些，如此就不必漫长地等待未来，而且还拥有更多值得回忆的过去！

◎ 如果没有今天，明天就没有昨天

过去就是现在的未来，有人巧妙地这么说。时间流逝，因为未来的变成现在，现在的又变成过去，所以时间是由未来、现在与过去构成的。

然而这就产生一个问题：未来还不存在，过去又已不存在，而现在是介于未来与过去之间的、没有扩延可言的界线。所以既没有未来、过去，也没有现在，又既然时间由这三者组成，所以时间也不存在。

这个毫无修饰的论证来自基督教哲学家奥古斯丁，我们前面已经认识过他，他在公元400年左右撰写了著名的《忏悔录》（Bekenntnisse，398年），以自述其跟上帝的对话为形式，内容接近自传、灵魂自剖，以及哲学论说的混合体。在这部作品接近结尾之处，奥古斯丁谈到了时间，提出了上述这个著名的悖论来。

按照奥古斯丁的说法，时间是由三个部分组成的：未来、现在与过去。然而三个当中没有一个是真实存在的，因为未来还不存在，过去已经过去，现在不但没有扩延，而且无论我们怎么尝试都无法掌握，所以时间也不存在。但是这个结论岂不荒谬？我们确实在一天又一天、一秒又一秒的时间里，看着身边的事物产生变化，我们也把时间中的过程互相比较，比如我们会说："搭火车比开车多花两倍时间。"不过奥古斯丁问，我们怎么能够测量时间，既然时间不存在？没有扩延的东西要如何量其长度？究竟说来，时间该怎么量？

亚里士多德认为，我们用运动测量时间，准确地说，是用恒常与稳定的运动来测量。在亚里士多德的时代，人们用星体的运转来度量时间。今天我们依据原子钟里基本粒子稳定的振荡过程来给时间设立基准，比星体的运行还更精准。然而我们怎么知道这个运动是恒定的，不会变快也不会变慢？为此我们需要另一个恒定的运动来当准绳，也就是说，我们用运动测量另一个运动。然而如果世界上所有的过程都以相同程度变快，包括我们的思考速度，该怎么办呢？我们察觉得到这种加速吗？这岂不是所有存在的物体都以恒定的速度变大？对这种扩张我们能有丝毫知觉吗？

前面已经看到，从物理的观点来说，时间可以变得较快与较慢。不过真的是如此吗？那变快与变慢的，真的是时间吗？不会是各种运动吗？事实是，原子钟在运动中速度会变慢。不过这就证明时间变慢了吗？还是只是显示了事物运动的速度变慢了？也就是说，只是原子的振荡速度变慢了？为什么时间的速度应该与基本粒子的振荡频率等同？这不是跟我们称之为“时间”的东西相冲突吗？所以物理学家使用“时间”这个词的时候，说的真的是时间吗？一大堆困难的问题。而我们的时间不多了，所以让我们再回到哲学。因为奥古斯丁准备了另外一个解答。

时间存于心智之中

奥古斯丁解救时间的办法，是把时间放入我们的心里，未来的、现在的与过去的，奥古斯丁认为，都存在于我们的思想与想象里。我们记得过去的事，期待未来的事，也体验现在的事。我们的心智能回头伸入过去，预先伸进未来，因为它把过去的与未来的都呈现在眼前。同时我们的心智也赋予现在一个扩延。记忆把现在抓牢好一会儿，同时新的感官印象大量涌向我们，而且我们也想着接下来我们还有哪些事。

奥古斯丁用音乐的例子来阐释他的主观时间理论：当我们聆听

旋律时，我们听的不是个别的音符，而是把已经过去的音符留在脑海里，也预先掌握了接下来的音符。在我们内心的耳朵之前，以一种奇怪的方式，我们能掌握完整的、从头到尾的旋律。也就是说，现在是有个长度的，然而这只存在于我们的心智里。奥古斯丁是西方哲学史上，首位提出主观时间理解的人。依照这个看法，时间是被经验的时间，没有心智、没有灵魂的话，时间就不存在。在心智之外没有现在、未来也没有过去。唯有对我们人类来说，才有现在的、未来的或过去的事物可言。此外，就连对上帝来说，时间也不存在——上帝立于时间之外，能瞬时掌握过去的、现在的与未来的一切，完全不用时间。这样一口气掌握的东西可不少，如果你问我的话。我们人类面对这种信息洪流，早就过劳崩溃了。大多数人光是关注现在就够忙的了！

自我

假设你在柏林被全身扫描过一遍，就能在北京被复制出来，世界上会存在两个你吗？哪一个才是真实的你？

苏格拉底／认识你自己！
洛克／没有回忆就没有自我
威廉姆斯／心智、记忆与身体塑造了身份同一性
帕菲特／“我”最终归结为大脑的状态

Gnothi seauton！——“认识你自己！”据说在德尔斐（Delphi）的阿波罗神庙上就刻着这句箴言，西方哲学之父苏格拉底一再引用这句话，他认为“认识自己”是哲学首要的任务，毕竟哲学是“为自己灵魂的操心”。寻求幸福的人，必定不能绕过他自己。哲学家马库塞（Ludwig Marcuse，1894年—1971年）也知道这一点，他说：“与自己达到最高度一致的那个片刻，就是我的幸福。”

“我是谁？”这个问题常常在人生获得成功的时候开始出现。不过通往自我认知的道路却是辛苦与充满曲折的，许多诱人的因素会让你停止追寻，现在比从前任何时候都更严重。我们大多数人都生活在持续的忙乱当中，由许多外力决定。我们同时做了非常多事，但没有一项能真正做好。我们追逐各种事物，可是从未反思过那些东西的价值，有些人甚至剥削自己，以便达成一些他们从未仔细思量的目标。这不应该改变吗？但是该如何改变呢？我要怎么发现我是谁，我要的究竟是什么？

有些人说：“你必须进到自己的内心！”另一些人回答：“这我

做过了，可是什么也没发现。”两者都只对一半。只待在家里，躺在沙发上聆听自己的内心，这样是不能认识自己的。我们必须走到外面，对自己做实验，与我们的自我讨论陌生的情境。然而在这过程中，我们必须敏锐且仔细地观察自己，如何对这些新的状况做出反应。只有如此我们才能找出哪些是我们喜欢的，哪些则不。有时候在陌生的音符刺激之下，我们的心弦也会随之震荡。有时候则只在脑海里做一趟发现之旅，想象着各种处境与生活蓝图，并注意自己对这些想象有何感觉。这种生活适合我吗？这种生活方式具体是怎么回事？如果在这种精神旅程中内心有所向往，那么一般来说，就值得在现实中实际做做看，也许自我当中原本枯萎的一部分会就此盛开。

我是谁？什么对我来说，是真正重要的？我的愿望、观点跟感受里，哪些是真实的？什么时候我只是自我欺骗？我在过自己的人生吗？在我对朋友、家人与职场同事所扮演的角色背后，有没有真正的自我？还有，最认识我的人是我自己吗？很可惜，虽然这些问题直捣我们人生的核心，但是在今天的哲学里，却只占有边缘的地位，因为它们被归类到心理学与心理治疗的领域里去了。然而有一个问题是从以前到现在的哲学都热烈讨论的，即：我跟先前的我是同一个人吗？如果是的话，为什么？这个讨论身份同一性的问题是有理由的，因为我的信念随着年岁有很多改变，我的价值观跟愿望也是如此，我的身体也不是一直保持相同：外观改变了，身体的细胞据说每七年就全部换过一次。那我跟十年前或二十年前的那个我还是同一个人吗？我应该尽快去申请新身份证吗？如果不用的话，既然我的一切都改变了，我如何还能是同一个人？我为什么是我？必须发生什么要件，才能使我变成你？这就是本章接下来要处理的问题。

在我们开始之前，我想请你闭上眼睛一会儿，请深呼吸，并集中精神。请你只注意你的自我，你在想什么呢？你感觉到什么？这个“我”是一种感觉吗？还是一个念头？属于你的身体还是你的精神？真的存在一个像“我”这样的东西吗？苏格兰哲学家休谟认为，就像佛教所相信的那样，并没有“我”这个东西，寻找自我是徒劳无功的。我们所称为“我”的，休谟认为，不过是一堆感觉、情感、思想、愿望与记忆捆绑在一起的东西而已。光是人人都能说“我”，并不代表就真的有个“我”在每个人的自己之内。就像前面说的，当我们说“下雨了”（Es regnet），并不真的相信有个 Es 在那里下雨。那么这个“我”就只是个幻觉吗？大脑研究也倾向于这个说法，因为在我们的大脑里，似乎并不存在“自我”中央，“我”位于大脑各处，也可以说没有一个地方是“我”。我们头颅内部的交响乐就这么演奏着，找不到一个指挥者。

然而这种观点跟我们的体验有所冲突，因为在感觉中，我们之内的各种思想、愿望与感受并不像是自行运作、完全不受我们控制的。那个在进行思想、愿望与感受的东西不是别的，正是我们。而且我们一般来说，都能知觉到什么适合我们、什么不适合，我们喜欢什么、不喜欢什么。我们能感觉到哪些是陌生的、外来的，哪些是熟悉的、我们自己的。而且还有一点：每个人都有独特的人格，属于自己的性格；我们虽然也在时间中改变，但是不会今天跟明天不一样，有一个基本模式是或多或少都稳定不变的。所以问题只在于：这个独特的行为、思想、感受与意愿模式，就是我们的“自我”吗？如果是的话，那么这个模式如何能在多年下来做了改变之后，我们却没有变成另外一个人？为什么我能在翻看相簿的时候，一看到旧日幼儿时期与少年时期的照片就说“这个是我”？

◎ 忒修斯的船

请想象一下，你是天才航海家，就像希腊神话里著名的大英雄忒修斯一样。你几个月以来在大海上驾着帆船，不惧猛烈的风暴，制服了无数的海上怪兽。航海的历险在你的船上留下清楚的痕迹，所以你必须进船坞维修了，有几块船舱板必须更换了。之后你又出海航行，当你在世界各地汹涌的洋流上度过一个月之后，船又必须修理了，这次得换掉一些老旧的部件。就这样许多年下来，造船师逐渐把你的船所有部分都换新了，再没有一块旧的舱板还留在船上，原先所有部件都已经换掉了。

造船师将换下来的旧材料细心地保留下来，并且用这些材料把你的老船又组了起来，他希望哪一天也许可以高价把船卖掉，毕竟你是航海界的传奇人物了。

所以现在有两艘船：一艘是你驾着到处遨游、功能完整的新船，另一艘是造船师从你原本的船上换下来的零件组合起来的船。那么重要的哲学问题是：哪一艘是你真正的船？哪一艘船才等同你原来那艘船？

这个思想游戏有悠久的传统，最早的记载见于古希腊作家普卢塔克（Plutarch，45年—125年）。事情很简单：一艘船的各个部分被逐渐换新，但不是一次全换，而是在一段相当长的时间里一点一点换的。到了一个时点，这艘船就是完全由新的部分构成的了，所有旧的零件都已经拆除，于是问题是：船的所有部分都换掉了，如何可能还是同一艘船？还是说这艘船根本不是同一艘了？

这个哲学问题虽然讨论的是船在长时间里的身份同一性，但是主要关涉到的当然是人类，因为我们从生物学得知，我们身体的细胞每七年就会全部换新，所以我们的身体在七年前跟七年后，是由不同的物质构成的。我们的心智也是如此，就连我们的性格、愿望与信念也随时间改变。从前我们无忧无虑又敢于行动，现在我们充满烦恼与担忧，从前我们相信有小仙女，愿望是成为航天员，今天我们相信科学，愿望是上班的路程不要太远。我们一直在改变，外表跟内在都是如此，真的有东西是随着我们年纪增长也不改变的吗？而且是否必须有东西是不改变的，才使我们维持是同一个人？

性质同一与数量同一的区别

在我们一头栽进实质的讨论之前，我们应该弄清楚一个重要的分别："同一性"（Identität）这个词可以指称不同的意思，哲学里我们区分"性质"的同一与"数量"的同一。两个东西如果共有一切性质，也就是不在任何一个性质上有区别，那就是性质的同一，例如两本你现在正在读的这本书，有相同的颜色、相同的标题、相同的页码，也有相同的内容。

一切都等同，只有两本书的位置不一样：一本你拿在手上，另一本还在书店里。这个例子显示一件事：两个东西可以在性质上等同，但是从数量上来说，那是两个不同的事物。那两本书就是两个不同的事物，不是同一个东西。"数量上不同"这个说法指的就是这么回事：两个不同的东西，每一个可以得到不同的编号。

然而有趣的是，数量上同一的东西可以在时间中有很大的改变，抹布在使用后，看起来跟使用前非常不同，但还是同一块抹布。使用过的抹布在数量上跟原先那块新的抹布有同一性，但是在性质上有差别。所以两个东西不只可以是有差别的，即便它们在性质上同一（比如上述的两本书），而且还能是同一的，即便它们拥有不同的性质（比如抹布）。

记忆塑造自我

在这段术语小插曲之后，我们现在终于可以来讨论身份同一性的哲学问题了：我们跟20年前的那个我还是同一个人吗？是，但也不是。我们一直是同一个个体，尽管我们身心都已改变。我们今天的“我”在数量上与当年的“我”是同一的，但是在性质上则否。人一般说来会维持同一性，即便其人格在时间中有所改变，然而在某些情况下，人格会发生突然、断裂的改变，比如经历意外或脑溢血，我们有时候就会说：“他不再是原来那个人了。”而且不是比喻的说法，真的是字面的意思。这种情况大多跟记忆严重受损有关，记忆对我们的同一性扮演着关键的角色，17世纪的英国哲学家洛克就已经明白了这一点，让我们稍微仔细一点看他的理论怎么说：

根据洛克的看法，让我们成为一个人的是我们的自我意识，不论我们当前正在做什么，我们总是清楚，是我们在做那件事。我们任何时候都能思索我们自己，包括思索我们过去的自己，因为我们能够回忆。洛克认为，这种对过去思索的能力，让我们取得了身分的同一性；由于过去不同的片刻留在我们的记忆中，而且我们能够召唤这些记忆，我们的自我意识才得以建立。我们对过去的记忆是使我们成为我们的关键，没有记忆就没有自我。

洛克彻底地反驳了以下的认定：我们身上要有某种不变的东西，才能在时间的流逝中保持与自己的同一性。洛克认为，我们身上的一切都可以改变，重点在于我们还能记得过去；这个“我”并非某种实体，而是意识的过程。“我们有始终不变的灵魂”这样的认定，对洛克派不上用场。

记忆有多重要，下面这个思想游戏可以告诉我们：请想象一下，你跟女友交换记忆，你所有的记忆都被删除，换成女友的记忆，你也就不记得自己的童年，而是记得女友的儿童时期。你所有的经验记忆库也就完全变了，比如你突然能记得尼泊尔贫瘠的山景，虽然你从未去过那里。你大部分的情感、兴趣与信念也骤然改变了，因为这些都是在经验中建立起来的，对自己身体的感觉也是如此，在记忆交换之后，你的身体对你而言完全陌生了起来，你开始想念那个你自以为熟悉的身体。情况看起来像是你跟女友不只交换了记忆，而且也交换了身份。这个思想游戏证明了洛克的论题：我们的记忆对于我们的身份认同，扮演极其重要的角色。洛克自己也设想过，如果有个人有一天突然在鞋匠的身体里醒来，可是确信自己是王子，会怎么样。如果这个人真能记起自己当王子时所有的经历，那么，洛克认为，就真的是王子住到鞋匠的身体里去了。

记忆对我们的自我有如此根本的重要性，在下面这段思索中也可以见到。请想象一下，你有梦游症，而且遭控告昨天晚上侵入邻居家中。你自己当然什么也想不起来，那这样你应该受罚吗？你会说，应该不用吧，因为闯入民宅的行为不是你自己，而是身体或梦游时的那个“我”所做的。为什么？因为你什么也不记得。

记忆的矛盾

不过记忆的问题也不是这么单纯，洛克的理论遭遇到两个强力的反驳。第一个说，这个理论是循环论证，也就是把应该证明的东西设定为前提，因为如果没有稳定的身份同一性，我们根本不能有记忆。每一个人只能记得自己的经历，不能记得邻居的经历，谁要是记得从前，就必须在那时候是跟今天是同一个人。所以是记忆默认了身份同一性，而不是记忆保证了身份同一性。

第二个反驳来自苏格兰哲学家里德（Thomas Reid，1710年—1796年），其论述是：假设有一个少年被打了一顿，因为他偷了一个苹果，这个少年后来成为伟大的将军，为他的国家赢得至关重要的战争。作为一名老人，将军一直只记得他打了胜仗，但不再记得少年时因为偷苹果被打了一顿的事。然而当他还是军中将领时，他还是能清楚记忆少年时代的。现在如果我们拿洛克对意义的判准来检查，就会出现矛盾：这位将军跟挨打的少年是同一人，老人与将军也是同一人，因为他们分别都记得过去的事件，所以老人跟挨打的少年也是同一人。但是老人再也想不起少年时代的事，也就是说，在老人与少年之间已经不存在记忆的桥梁；那么根据洛克的理论，老人跟少年应该不是同一人，于是产生了完美的矛盾。

提到挨打，有个思想实验可以顺带一提：假设有人可以把你连接到机器上，把你的记忆删光，转存到硬盘上，之后残酷地折磨你的身体。事后再把记忆重新灌回你的脑里，如果“自我”真的取决于记忆的话，那么应该完全不知道有残酷折磨这回事。你会有一个记忆缺口，但也仅止于此。你愿意尝试一下吗？大概不会吧。这个思想实验来自英国哲学家威廉姆斯（Bernard Williams，1929年—2003年），他想要指出，我们的身份同一性并不只建立在心智与记忆上，有时候也建立在身体上。然而下一个思想实验显示，身体有一个部分在这方面是特别重要的，那就是大脑。

请想象一下，你的大脑被从头颅中取出，植入邻居的头里，于是你的大脑处在邻居的身体里，邻居的大脑也被植到你的头颅里。问题来了：你要回哪个家？多数人大概会回答，回到原来的家，尽管对不知情的人来说，你跟邻居像是交换了住处一样。不过你的朋友很快就会注意到，你有了邻居的身体，而邻居现在活在你的身体里。所以重点在大脑，而不是在身体。还是连大脑都不需要？只要包括记忆、情感、信念与愿望在内的精神内容就足够？再者，可不可能有许多个拥有我的记忆的人？下面这个思想实验就是关注这些问题。

◎ 斯科特，把我传送出去！

请想象一下，你人在柏林，站在传送室前，这个传送室能瞬间把人弄到北京去。仔细来说是这样：当你踏进传送室，你的身体会从上到下被扫描一次，每一个细胞的状态都会被记录下来，身体的每一粒原子都会被检查，所有信息都被储存起来，然后你的身体就被摧毁了，所有数据都被送到北京的传送室去。接着，另一台复制机会根据这些资料制作出你身体的完美复制品：每一个细胞的位置都没有丝毫差别，一切都跟原版一模一样，就连大脑的微观结构也没有改变。所以在中国的这个复制身体拥有与你相同的记忆、信念、情感、价值观与愿望，如果一切运作顺利，你会在柏林踏入传送室，不久之后，带着小小的记忆缺口从北京的传送室走出来。你会走进传送室吗？那是很方便的旅行方式。还是这样一来，你其实并没有离开柏林，而且还死掉了？

假设你在被扫描之后，身体不被摧毁，而是继续活着。那是不是就有两个你了，一个在柏林，一个在北京？你会因此得到两种视角，而对世界有双重的体会，还是那个在北京的人不过是你的复制品，你的孪生兄弟？

这个思想实验来自英国哲学家帕菲特（Derek Parfit，1942年—），他的想法与洛克类似，认为我们今天之所以跟从前是同一个人，是因为从前与今天之间有特定的联系，而且我们能够回忆过往的事情。这个“我”的同一性，需要心灵的连续性来维持，帕菲特不相信灵魂的存在。他认为，我们的“我”最终可以归结为大脑的状态，因为我们的一切回忆、信念与愿望，也都是大脑的状态。然而他如何解决两个传送室之间的谜题呢？

这个思想游戏的第一个版本对帕菲特完全不构成问题，他会坦然走进传送室，即便他的身体在扫描之后将被摧毁，毕竟在北京将会有完全相同的分子构成被组合起来，那组成物将有完全一致的记忆、信念、愿望以及性格特征。帕菲特认为，在柏林踏进传送室的人，将在短暂的记忆空白后在北京从传送室走出来，没有比这个更便捷的旅行方式了。一分钟让你从柏林到北京。

这个思想游戏的第二个版本就有些麻烦，在这个版本里，原先的身体在扫描之后不被摧毁，所以不只在北京，在柏林也有一个人从传送室走出来。帕菲特认为，从柏林的传送室走出来的人，跟那个从北京的传送室走出来的人，很明显不是同一个人。因为这两人在同一个时间，处在不同的位置上。他们虽然有相同的性质，但是并非同一个人，也就是说，他们是性质上等同，但是数量上不等同，他们是完美的双胞胎存在，但也仅止于此。这也表示：如果其中一个人受伤，另一个人不会有任何感觉。

最精彩的来了：如果在柏林与在北京的这两个人并不等同，那么你也不能等同于这两个人。你要么到达北京，要么离开柏林，要么哪里也不去，但是绝对不能同时到两个地方。为什么？因为同一性用逻辑学者的术语来说是“递移的”（transitiv）：如果A不只等同于B，而是也等同于C，那么B跟C也必须彼此等同，因为这两者都不外乎只是A。所以如果你在柏林走进传送室，而且既等同于在扫描之后，从柏林传送室走出来的这个人，同时也等同于在北京走出传送室来的那个人，那么在柏林跟在北京的这两个人必定互相等同；然而这是不可能的，因为同一个东西不可能在同一时间存在于不同的位置上。

复制摧毁了同一性

也许你这次干脆不要走出柏林的传送室，只让你的孪生兄弟在北京从传送室走出来？可是为什么非得摧毁你在柏林的身体，这趟旅程才能成功？在北京的那个人，跟在柏林的这个人有什么差别？你有什么理由更等同于其中一个而非另外一个？对于这个难解的困境，帕非特有以下建议：他主张，你既不等同于在北京的那个人，也不等同于在柏林的这个人，因为在复制之后，你就根本不存在了！只要你的复制品一诞生，你就失去了自我同一性。因为这个同一性有个必要条件：必须是独一无二的，光靠心理的连续性还并不足够。虽然在柏林的这个人跟在北京的那个人都具有跟你完全相同的回忆，然而这两个人当中没有一个等同于你——复制就等于原版被摧毁。

我们可以用阿米巴原虫的例子来说明这个论证。我们知道，阿米巴原虫通过分裂来进行繁衍：一只阿米巴原虫会变成两只。一个有趣的哲学问题就是：哪一只阿米巴原虫等同于原来那一只？答案是两只都不是，因为不然的话，这两只也将彼此等同，也就是说，这两只将不是两只，而是同一只生物，然而这明显是错误的。

生存最重要！

请想象一下，你的左右两瓣大脑可以分开来，而且各自都能像完整的大脑一样运作，也就是说，你可以只用半边大脑生活，完全没有任何限制。现在请想象一下，有人要把你这两瓣大脑分装到两个头颅中空的身体里去，新产生的两个人将拥有跟你完全相同的记忆、观点与价值观，而且会很惊讶地发现自己处在陌生的身体里。可是这两人哪一个才是你呢？就像阿米巴原虫的情况一样：你不能同时是这两人，而且你有什么理由更等同于其中一个，而非另外一个人呢？这选择是任意的。所以结论是：在大脑分成左右两瓣时你就死了，在那之后你已不复存在。

不过这种死亡很糟糕吗？如果要你在这种大脑分割跟服下致命毒

药之间二选一，你会如何选择？大概会宁愿做大脑分割吧，毕竟那样日子还是可以过下去。在某种意义上，你将以两个人的形式继续活下去，帕菲特如此认为。所以大多数人会优先选择这种存活方式，就算那两个继续活下去的人并不等同于你。不过帕菲特认为，只要谈到生存问题，自我同一性就不再是重点，更重要的是生命能否延续。不管最后等同于谁——让我们拭目以待吧！

图书在版编目（CIP）数据

如果没有今天，明天会不会有昨天？/（瑞士）伊夫·博萨尔特（Yves Bossart）著；区立远译. —北京：民主与建设出版社，2017.1

ISBN 978-7-5139-0983-9

Ⅰ. ①如… Ⅱ. ①伊… ②区… Ⅲ. ①人生哲学－通俗读物 Ⅳ. ①B821-49

中国版本图书馆CIP数据核字（2016）第312908号

著作权合同登记号：图字01-2016-9736

Original title: Ohne Heute gäbe es morgen kein Gestern by Yves Bossart

Chinese simplified language arranged through Changsha Senxin Culture Dissemination Limited Company

如果没有今天，明天会不会有昨天？

RUGUO MEIYOU JINTIAN，MINGTIAN HUI BU HUI YOU ZUOTIAN？

出 版 人 许久文
著　　者 ［瑞士］伊夫·博萨尔特（Yves Bossart）
译　　者 区立远
责任编辑 刘 芳
监　　制 于向勇 马占国
选题策划 森欣出版
特约编辑 张 卉 秦 青
营销编辑 刘晓晨 罗 听 刘文昕
版式设计 张丽娜
封面设计 土语设计
出版发行 民主与建设出版社有限责任公司
电　　话 （010）59419778 59417747
社　　址 北京市朝阳区阜通东大街融科望京中心B座601室
邮　　编 100102
印　　刷 北京天宇万达印刷有限公司
开　　本 875mm × 1270mm 1/32
印　　张 9
字　　数 176千字
版　　次 2017年1月第1版 2017年1月第1次印刷
书　　号 ISBN 978-7-5139-0983-9
定　　价 35.00元
